ブルーインパルス

35秒の奇跡

「コーク・スクリュー」

1機の周囲をもう1機が
らせんを描いて飛行する課目

宇都宮直子

「バック・トゥ・バック」

2機が胴体を
合わせるように飛ぶ

「フェニックス・ループ」

6機が隊形を組んで、
宙返りを行い、大きな円を描く

インパルス

世界屈指のアクロバット飛行
技術を持つブルーインパルス。
展示飛行の一部を紹介する。

ブルー展示飛行

扉ページ及びこの見開きの写真はすべて黒澤英介撮影

「4シップ・インバート」

4機が背面飛行のまま、
精密な編隊飛行を行う

「バーティカル・クライム・ロール」

急上昇しながら
右に横転を行う

パイロット搭乗準備！

ブリーフィング

当日の注意事項やチェック項目を確認する。

模型を使うとイメージがしやすい。

装着

ブルーのパイロットには高いG（重力加速度）がかかり、失神のおそれもある。これを防ぐため、特殊素材でできたGスーツを着込む。

ヘルメット

ブルーインパルスらしい、青いヘルメット。1号機を表す「1」の数字が見える。

いざ飛行場へ

航空機へ向かう。
撮影時はコロナ禍で、
全員がマスクを着用していた。

パイロットが
手を振っているのは基地の
周囲にいるファンのため？

整備クルーとのコミュニケーション
は大切な仕事のひとつだ。

特別公開 ブルー

普段あまり目にすることのない
準備から搭乗前までを大公開！

この見開きと次のページの撮影は藤岡雅樹

搭乗。いよいよ機体を動かす。

ブルーインパルス パイロット

2022年1月上旬撮影時のパイロット。
危険と隣り合わせのせいもあるのか、
仲はとてもよい。

後列左から永岡皇太1等空尉、鬼塚崇玄1等空尉、手島孝1等空尉、東島公佑1等空尉、
前列左から眞鍋成孝1等空尉、平川通3等空佐、遠渡祐樹2等空佐、名久井朋之2等空佐、江口健1等空尉
（階級はいずれも撮影当時）

ブルーインパルス
35秒の奇跡

目次

第一部　侍、空を飛ぶ

第二部

レクイエム

第三部　三五秒で描いた

※特に断りの無い場合、階級や所属は取材当時のものです。

第一部

侍、空を飛ぶ

序章　オリンピック始まる

二〇二一年七月二三日、金曜日、東京。

南東の風が吹いている。時刻は、一二時を回ったところだ。

新宿区霞ヶ丘町一〇の一にある国立競技場周辺には、人が大勢集まっている。午前中の早い時間から来た人もいたし、地方からわざわざやってきた人もいる。

ほとんどの人は、カメラかスマートフォンを持っている。空を見上げて、雲の様子を気にしたりしている。

二三日は朝から晴天で、気温は高かった。午後には三〇度を楽に超え、テレビの天気予報では「熱中症に気をつけるように」と繰り返し言っていた。

国立競技場では、これから「東京オリンピック２０２０」の開会式が行われることになっている。

新型コロナウイルス感染症（COVID-19）のパンデミックにより、開催が一年延期された大会だ。

新型コロナウイルス感染症は、二〇一九年一二月に中国ではじめて確認されて以来、世界的な流行となった。

感染を防ぐには、密閉、密集、密接を避けるのが良い。だから、青空の下であっても、人は大きな塊《かたまり》にはならないように気をつけていた。もちろん、マスクを付けている。どんなに暑くても、誰も外さない。

国立競技場に入れるのは、ごく限られた人だけだ。

公益財団法人東京オリンピック・パラリンピック競技大会名誉総裁であられる天皇陛下、菅義偉《すがよしひで》内閣総理大臣、麻生太郎《あそうたろう》副総裁兼財務大臣、大島理森《おおしまただもり》衆議院議長、山東昭子《さんとうあきこ》参議院議長、丸川珠代《まるかわたまよ》東京オリンピック・パラリンピック競技大会担当大臣といった人々がメインスタンドにいる。

トーマス・バッハ国際オリンピック委員会会長やエマニュエル・マクロンフランス共和国大統領もいる。アメリカからはジル・バイデン大統領夫人が参列している。

観客席は約六万八〇〇〇席あるが、新型コロナウイルスの影響で観客は無しとなった。

すべてが個別席で、「木漏れ日」をイメージしたアースカラーが採用されている。おかげで、無観客なのが目立たなくていい。

防衛省航空幕僚監部広報室の福田哲雄《ふくだてつお》二等空佐（以下、敬称略）は、カメラを持って国立競技場の外にいた。

入場ゲートに通じる広場のようなところにだ。制服を着ている。その場所に入るのにも、パスが必要だった。一般人は入ることができない。警備員に止められる。

福田は、そこに午前中に着いた。それから、ずっと待っている。二時間くらい、待っていた。

上空にはもうすぐ、航空自衛隊松島基地第四航空団に所属する「第十一飛行隊」T-4が六機飛んでくる。

日本が世界に誇るアクロバット飛行チーム、ブルーインパルスが、だ。

ブルーインパルスはオリンピックのシンボルマーク、すなわち五色の輪を大空に描くことになっている。

その光景を写真に収めるのが、福田の役目だった。福田だけではない。二三日は、広報室総出で出かけていた。

都内のあちらこちらで、「ランドマークを含めたブルーインパルスの写真を撮る」ためにである。

たとえば東京タワー、たとえばスカイツリー、国立競技場といった場所で、彼らはカメラを持って待機している。

暑くて熱中症になりそうなときは、日陰を探して移動した。ときどき、水を飲んだ。撮影ポイントはすでに確認済みだ。どこで撮ればいいのか、もうわかっていた。

集まっている人たちの間で、遠慮がちな歓声がざわざわと広がり始める。上空には報道ヘリが飛んでいる。アナウンサーがテレビ中継で、興奮を伝え始める。

もちろん、新型コロナウイルス感染症は終息していない。それでも、やはり胸が躍る。思いが膨らんでいく。ここで始まるのは、オリンピックなのだ。

一二時四九分。ブルーインパルスが飛んできて、シンボルマークを描いた。福田はシャッターを切る。連写で十枚程度撮った。あとで見たら、わりといい写真が撮れていた。

雲が低い位置にあり、五輪は見えにくかったが、パイロットたちは完璧に任務をこなした。

この日、ブルーインパルスは通常より速度を落として飛行していた。三〇〇ノットくらいのスピードだ。それでも、彼らは速い。あっという間に通り過ぎていく。「端正」な飛行という感じがした。

ブルーインパルスは、徹底した美を披露する部隊だ。大空に爽快な夢を描く。人を笑顔にする。

地上は明らかに熱さを増していた。大騒ぎはできないから、個々が遠慮がちに興奮している。

テレビではしきりにシンボルマークが見えにくかったと伝えていた。ブルーインパルスが使用するカラースモークは環境に配慮され、着色が薄い。

欧米のアクロバッドチームはもっと強い色を使うので目立つが、飛行技術はブルーインパルスに及ばない。オリンピックのシンボルマークのような課目を精密に披露できるチームは、ごく少数だ。

ともあれ、ブルーインパルスはこの場でのミッションを終えた。今は、出発地である入間基地に向けて、飛行を続けている。

福田は迎えの車で、市ヶ谷にある防衛省に戻る。途中、あちらこちらで室員をピックアップした。車に乗り込む際、皆が「いやあ、暑かったね」と言った。

オリンピックは八月八日、日曜日までの予定で開催される。コロナ禍のオリンピックが成功するのかどうかは、まだわからない。

事実、開会式に合わせて来日した要人も少なかった。先進七カ国首脳で来日したのはマクロン大統領のみだ。

首脳級の来賓一二名は、近年開催のオリンピック開会式では最小となっている。さらに言えば、国内には感染拡大を心配し、開催を喜ばない人たちも大勢いる。

ただ、国立競技場周辺に集った人々は違っていた。嬉しそうにしている。メディアに請われ、撮った写真を見せる人もいた。

どんなふうに撮れていても、いいのだ。それらは、とても珍しい写真だ。自衛隊機は通常、こんな場所では飛ばない。飛べない。

ともあれ、「東京オリンピック２０２０」は始まった。

雲が多かった。かなり暑かった。道路がけっこう混んでいた。二〇二一年の七月二三日は、そういう日だった。

一章　航空自衛隊松島基地所属第十一飛行隊

タクシーは、ブルーインパルスの母基地、松島基地に向かっている。宮城県東松島市矢本字板取八五。それが住所だ。

基地までの道のりには、東日本大震災の爪痕が残っている。

貼り付けられたプレートは「この高さまで津波が来た」のを示していたし、新しく感じる住居のほとんどは、震災後に建てられている。つまり、以前の住居にはもう住めなかったのだ。

車でちょっと走ってみればいい。

何もない広大な土地は、まだ何かに変わることさえできないでいる。廃墟となった校舎は、無残な姿を曝している。

まざまざと教えられる。震災は未だ終わっていない。一〇年を過ぎてなお、名状しがたい光景を見せつける。

この本の半ば、第二部には「東日本大震災」の章がある。

二〇一一年三月一一日、松島基地にも津波は押し寄せ、甚大な被害をもたらした。だが、隊員は挫けなかった。資料映像を見たが、驚くほど平静に、かつ敢然と立ち向かっている。

ブルーインパルスは、復興の象徴でもあった。「復興の翼」と称された。では、あの三月、彼らには何が起きていたのか。それらについても、詳《つまび》らかにしていきたい。

でも、まずは二〇二二年の話だ。

タクシーの中で、飛行機の飛ぶ轟音が聞こえた。私は石巻市に宿泊していたが、朝にも聞こえた。

石巻の人たちは、うるささが気にならないらしい。ホテルで訊くと「もう慣れています」ということだった（もちろん、迷惑な人だっていると思うが、取材中には出会わなかった）。

タクシーの運転手は、

「むしろ、聞こえないと寂しいですよ。ブルーインパルスは地元の宝、私らの誇りなんです」

と言った。

同じような意味合いの言葉は、それからも聞いた。

「町で、『ブルー』のパイロットを見かけたことがある」

と嬉しそうに話す人もいたし、パイロットのサイン色紙を飾っている飲食店もあった。

ブルーインパルスは、広報を任務とする部隊である。航空自衛隊の存在を社会に印象づける役目を負っている。この意味において、彼らは大いに成功していると言えよう。

国家的な行事や大きなイベントで、ブルーインパルスは飛行する。青空に引かれる白いスモークは美しい。実に爽快だ。

「航空祭」などで披露されるアクロバット飛行（展示飛行）は極上である。飛行機でアクロバットなんて、ちょっと信じられない。

実際、ブルーインパルスの人気はそうとうなものだ。

松島基地を頻繁に訪れるファンがいる。基地には入れないが、金網の外からなら訓練を見学できる。

航空祭を追いかけて全国を旅するファンもいる。北海道から沖縄まで、彼らはカメラを持って出かける。

コロナ禍になる前、埼玉県の入間基地には二〇万を超えるファンが詰めかけた。もっと言えば、三〇万を超える入場を記録した年もある。

そういうときは、当たり前だが正門前に人が列をなす。人で溢れる。前日の夜から、並んでいる人もいる。

開門と同時に、人々は走り出す。滑走路に近い、前方の場所を目指して走る。そこが確保できたら、また待つ。待つのは少しも苦にならない。そういうのも、航空祭の醍醐味なのだ。

コロナ禍になってからは変わったが、過去には、ブルーインパルスのパイロットと写真が撮れたり、サインがもらえたり、話ができたりもした。

人々は目当てのパイロットの前に並んで、順番を待った。あまりの人気に、整理券を出したこともあった。そうしないと、収拾が付かなかった。つまり、彼らはスターだった。正真正銘の。

松島基地には、「東京オリンピック２０２０」を飛んだパイロットが揃っている。彼らは優秀だ。非常に高度な飛行技術を持ち、広報を担うにふさわしい社交性、協調性を身につけている。

言葉遣いは丁寧で、一人称は「私」を使う。フレンドリーな話し方をする。親切でもある。地元との繋がりを、とても大切にしている。だから、彼らは「宝」であり、「誇り」なのだ。

タクシーは松島基地に到着する。第十一飛行隊の隊舎は正門から遠くない。すぐに見えてくる。

二章　絆は結ばれる

航空自衛隊のホームページ「広報、ブルーインパルス、パイロット」にはこう記されている。

「アクロバット飛行専門の飛行隊が立ち上がったのは、1995年のことです。それを機にブルーインパルスのパイロットの任期は3年とされました。1年目はTR（訓練待機）として演技を修得します。展示飛行のときには、ナレーションを担当し、また後席に搭乗します。2年目はOR（任務待機）として展示飛行を行います。3年目は展示飛行を行いつつ、担当ポジションの教官として、TRメンバーに演技を教育します。ブルーインパルスのパイロットは全国の飛行機部隊から選ばれた精鋭揃い。日々厳しいトレーニングを積んで、華麗なテクニックを磨いています」

引用中にある「全国の飛行機部隊」とは戦闘機部隊のことだ。すなわち、ブルーインパルスは戦闘機パイロットで構成されている。

F‐15、F‐2、F‐4といった戦闘機で、彼らは育った。

余談だが、F‐4は二人乗りなので、パイロットは無口ではいられない。コミュニケーションが必要だ。

だからか、ブルーインパルスに来ても「(コックピットの中で)何かを話していないと落ち着かない」というパイロットもいる。

在籍期間の「三年」は皆同じだが、離隊時は一斉ではない。ために、在籍人数を正確に言い切ることはできない。防衛省航空幕僚監部広報室によれば、「十人から十二、三人くらい」ということだった。

在籍するパイロットの顔写真は隊舎のエントランスに飾られている。整備を担当するクルーの写真もだ。

クルーの紹介を、前出のホームページから引用する。

「整備員は『機付』として3名が一組となって常に同じ機体を管理します。機体の癖を熟知し、パイロットの指摘に応じて完璧な調整を施し、機体を磨き上げる。

『ブルーインパルスの華麗な展示飛行を、豊富な経験と高い技術力で支える。』」

第十一飛行隊、ブルーインパルスの特質として親密さが挙げられる。パイロットは、互いを深く理解している。互いの気持ちを汲むのが容易だ。目を合わせるだけで、思いは伝わる。

彼らと話していると、チームへの信頼をたっぷり感じる。すごく純粋で、桁外れの信頼をだ。

また、そのくらいでなければ、アクロバット飛行はできまい。

たとえば一番、二番、三番、四番機が演じる「ファン・ブレーク」という課目は、機体の相互距離が近い。ほとんど重なって見えるくらいだ。

誰かがほんのちょっとでもミスをしたら、一機の犠牲では済まないだろう。おそらく、大きな事故に繋がる。

アクロバット飛行には、（安全に配慮がされてはいても）命がかかる。信頼がなければ、とうてい無理だと思う。あとは、それぞれが持つ自信と誇りか。

パイロットは話す。

「私たちの仲はとてもいいですよ」

「ここは特殊かもしれません。家族のような結びつきがあります」

そうした関係性は、クルーとの間でも変わらない。

「ブルーインパルスの華麗な展示飛行」は、日々繰り返される剛健な訓練と徹底的に管理された機体でできあがる。

人を魅了し、感動させる何かを生み出し、披露しようとすれば研鑽に加え、たくさんの努力が要る。

彼らは常に、日々そうしている。任務だから当然なのだが、空を飛ぶのが心底好きなのだ。


航空自衛隊に入隊した理由を訊ねると、ほとんどの隊員が「憧れ」と答える。

中には「流れで」とか、「安定した職に就きたかった」とか「親戚が在籍していたから」もありはするが、少数だ。

どんな理由であるにしろ、彼らは現在、自衛官として存在している。集団から脱落なくいられたのは、強い意志の賜物だろう。

なにしろ、パイロットになるまでの厳しさは苛烈を極める。技術面はもちろん、精神面もそうだ。

そうした厳しさについて、「第十一飛行隊」隊長、遠渡《えんど》祐樹《ゆうき》二等空佐（一九七九年生まれ）に訊く。

遠渡は幼少の頃から、ブルーインパルスに熱く憧れてきた。そして、その思いは三九歳のときに叶う。

「私は、一般大学卒業後に自衛隊に入りました。入隊するとき、将来的に『ブルー』とは思っていました。

ただ、まずパイロットにならなければ話になりません。

ですから、厳しさも別に苦ではなかった。厳しいのは当たり前。こんなもので、諦めるわけにはいかないと思っていました。いずれは、終わると理解していましたし。

自衛隊ならではの厳しさとパイロットになるための厳しさは、まったく別物です。

後者の場合、プロペラ機から始めてジェット機に移行し、『二機編隊長』の資格を付与されるまでに三、四年でしょうか」

「二機編隊長」は、戦闘機パイロットとしての最低限の資格である。この資格取得のために、候補生は毎日チェックアウト（試験）を受ける。

チェックアウトは言葉にならないくらい厳粛だ。まったく容赦がない。

例を挙げよう。一日目、ミスがあった。二日目、同じミスがあった。三日目、進捗が見られない。

四日目に判断が下される。「失格」。見込みのない者にそれ以上、続けさせる理由はなかった。訓練は、国費でまかなわれている。決して無駄にはできない。

遠渡は話す。

「最短で一週間足らず、先週まで一緒だった同期がいなくなるのも普通のことでした。失格の烙印を押されると、もう空自のパイロットとしてリカバリーはできません。自衛隊内の別勤務になります。

また『二機編隊長』の資格が付与されたからといって、それで終わりではありません。むしろ、そこからがスタートになります。

レベルを上げた厳しい訓練が、さらに三、四年続きます。何が厳しいかというと、終わりがないんです。何でもできるというところに、なかなか到達できない」

遠渡は続ける。

「チェックアウトでは、毎日点数を付けられます。そして、そこをクリアできなければ淘汰されていく。『だめ』と判断されれば、資格剝奪となります」

諦めなかった者だけが、航空自衛隊のパイロットになれる。忍耐強く努力を重ねた者だけが、夢を叶えられる。

「空自のパイロットは、皆そうだと思います。ずっと愚直にやってきた人間ばかりです」

繰り返すが、彼らの任務には命がかかる。毎日の「判断」は必須なのだと思う。

それにしても、かなり特別で特殊な厳しさだ。想像のはるかに上を行く。

ならば、精神面はどうか。

「自衛隊ならでは」の方も、そうとう厳しかった。とくに、入隊したばかりの頃の「教育」は半端ない。追い込まれる。

たとえば、アイロンをかけたハンカチに、先輩がごく些細な皺（見えないくらいのものだ）を一本見つけたとする。

先輩は怒る。大声で怒鳴り、ハンカチを靴で踏みつける。それを拾い、洗い、またアイロンをかけている間に食事時間が終わるといった具合だ。

ひとりのミスは、同期の連帯責任でもある。だから「誰かがやらかせば」、皆で重いリュックを背負って走ることになる。罰として、腕立て伏せをしたり、スクワットをしたりもする。

私の感覚で言えば、それらは完全なハラスメントであり、暴力に著しく似ていた。だけど、ブルーインパルスの面々は、それらに「育ててもらった」と言う。「今思えば、懐かしい」と笑う。

角度を変えて訊ねても、同じだ。「規律を身につけ、団結心を養うために必要だった」とする。

「対個人であれば『いじめ』ですが、皆同じ扱いを受けるのだから、『いじめ』ではありません」

「言い方は悪いですが、当時はしごかれすぎて、生きていくのに必死でした。同期で助け合わなければ、とうていやっていけない。そんな環境に置かれるんです」

「パイロットになりたいのであれば、乗り越えなければと思っていました」

洒々落々《しゃしゃらくらく》な語りに、彼らがほんとうに「乗り越えている」のを理解する。信念の存在を思う。

「同期の結びつきには、ものすごく強いものがあります」

どんな社会にも権力はあって、苦しんでいる人が大勢いる。

私はハラスメントを認めないし、憎むけれど、もし乗り越えられるのならば、それはそのほうがいいと思う。

彼らの志望動機がなんであったにしろ、情熱は本物だったのだ。「憧れ」は彼らを守り、支え、現在に導いている。

「パイロットになれなかったら、自衛隊を辞めるつもりでした」

そう話す隊員は、今も自衛官で、パイロットで、ブルーインパルスの一員となり、オリンピックシンボルマークを東京の空に描いた。

三章　座談会

　ところで、隊舎のエントランス中央にはブルーインパルスのエンブレムが入った大きな足ふきマットが敷いてある。

　足ふきマットなのだから、当然踏んでよいはずなのだが、たいへんに素敵で、まったく踏む気にならない。仕方がないので、マットのない両端を歩いた。

　併設されているミュージアムは展示が充実していて、改めてブルーインパルス人気を思わせる。

　でも、最高なのはハンガー（格納庫）に並ぶ機体だ。これはもう壮観としか言いようがない。T‐4はぴかぴかに磨かれ、美しく光っている。

　ブルーインパルスは一番機から六番機まであり、それぞれ決まったパイロットが搭乗する。

　パイロットの年齢には幅があり一番機に乗る編隊長、飛行班長が年長となる。だいたい四〇代はじめから、三〇代はじめくらいの年齢層だ。

一章以降に登場するパイロットについては、許可を得て、生年を記している。勤務地、階級については、すべて二〇二二年当時のものである。

訪れた日、遠渡祐樹二等空佐は、隊長室で取材を受けていた。隊長室は二階にあって広く、ちゃんとした応対ができるようになっている。

チーム内の調整役を担っている五番機パイロット、江口健《えぐちけん》一等空尉（一九八四年生まれ）が忙しそうに行き来していた。

ブルーインパルスはメディアへの登場も多い。したがって、（彼らは否定するが）相対的に取材に慣れている。

よどみなく返答するし、時折、とても感じよく笑う。視線をしっかり合わせて話をする。穏やかである。簡単なようで、なかなか難しい対応である。

遠渡は言う。

「私は、取材に慣れてはいません。ただし、撮影や取材に緊張したり、普段の自分を出せなくなったりすることはない。自分ではそう思っています」

どんなときも平常心でいられる。それはブルーインパルスに最も必要なことで、隊員すべての姿勢でもある。

オリンピック当日でさえ、彼らは普段と何ら変わらなかった。猛烈な暑さの中、淡々と任務を遂行した。まったくタフだと思う。

取材はまず、座談会のようなスタイルで行った。隊舎のオペレーションルーム、フライト前後にブリーフィングなどが行われる部屋で、だ。

遠渡は別の取材を受けているので参加していない。江口も前半で途中退席する。パイロットへの個別取材は、順次進めていくことになっている。

各機の役割についてとか、課目についてとか、心がけていることとか、オリンピックについても、むろん訊ねた。

でも、このときは敢えて深追いはしなかった。

内容を掘り下げるには、座談会は時間が短すぎた。一方、彼らはたくさんテーマを持っていて、話が尽きなかった。結果、「次に訊かなければならないこと」がどんどん増えていった。

パイロットたちが多く口にするのは、周囲への感謝だ。

自らについては、「幸運に恵まれた」、「たまたまここにいられて幸せ」と話す。そうとしか言わない。

「活動できるのはたくさんの人たち、仲間に支えられてのことです。ありがたく思っています」

「私たちは、決して特別な存在ではありません。航空自衛隊のパイロットは、皆高い技術を持っています」

取材は長期にわたった。

その間、彼らの姿勢は一貫して変わらなかった。終始、明るく前向きだった。広報という立場を差し引いても、素晴らしかったと思う。

座談会に参加したのは、以下のパイロットである。

一番機、二〇二二年現在ＴＲで次期隊長となる名久井《なくい》朋之《ともゆき》二等空佐（一九八一年生まれ）と、飛行班長である平川通《ひらかわとおる》三等空佐（一九七九年生まれ）。

二番機、東島公佑《ひがしじまこうすけ》一等空尉（一九九一年生まれ）。

三番機、鬼塚崇玄《おにつかたかはる》一等空尉（一九八八年生まれ）。

四番機、手島孝《てしまたかし》一等空尉（一九八九年生まれ）。

五番機、江口健一等空尉。

六番機、眞鍋成孝《まなべなりたか》一等空尉（一九八六年生まれ）。

オリンピックシンボルマークを描いた、描かなかったの違いはあるが、全員が二〇二一年の七月二三日に東京上空を飛んでいる。

また、ここには参加していないがブルーインパルスには、もう一人四番機のパイロットがいる。永岡皇太《ながおかこうた》一等空尉（一九八七年生まれ）だ。

永岡は手島の教官、すなわち「師匠」にあたる。師匠と弟子の関係については、「一子相伝」の章で説明をする。

座談会がおとなしかったのは、はじめだけだった。

小さな笑いがいくつか弾けて、それからは、なんだかずっと笑っていた。そういう雰囲気のほとんどは、年長の平川がリードしていた。

各機の役割を話していたときのことだ。

平川が軽く笑いながら、言った。

「『ダブル・ロールバック（ブルーインパルス創設五〇年を記念し、二〇一〇年から実施されている。デルタ隊形から五番機、六番機が広がるように回転、続いて二番機、三番機が回転）』っていう課目があるんですが、あれはいい課目だなと……」

ここで微《かす》かに、全員が笑った。私は訊ねる。なぜ、笑うのか。

鬼塚が言う。

「一番機が、かなり難しいポジションなんです」

手島が言う。

「一番機は水平飛行、地形を確認しながら飛んでいます」

東島が模型を動かしながら、言う。

「この隊形のまま、まっすぐです」

平川が「そう。単純だからこそ難しい」と言い、続ける。まだ笑っている。

「ただ真っ直ぐに飛んでいるだけって、皆は思っているかもしれないです。でも、『ダブル・ロールバック』を開始する方向を決める、開始するタイミングを計るのは一番機なんです。それを失敗したら、綺麗には見えない。

その辺りの努力をわかっていないから、『一番機、何もしてないだろ』って言ってますが、操縦技量が難しいから、難しいとは限らないんです。

いくらこいつらがうまくやっても、飛んでいく場所を間違えたらどうにもならないじゃないですか。

そういうところは、（筆者に）しっかり理解していただきたいかなあと。なかなか自分では言いづらいんですけど、一番機が間違えたら話にならないんですよ」

名久井も言う。やはり笑っている。

「まったくその通りです」

場の雰囲気は柔らかい。楽しげに見える。そうした語らいの中から、少しずつ彼らの有り様が浮かび上がってくる。

平川が言う。

「何でも話せるし、一緒にいて楽しいです。すごく風通しのいいチームだと思います。そうじゃないといい演技なんてできません。

訓練後は、毎回皆で反省をします。『スモーク出すの、雑な奴いるね』とか『もっとこういう角度で入った方がいいね』とか。

もちろん、褒めることだってあります。『今日はよかったね』、『皆、かっこよかったね』って。

正直、かっこいいのって大事なんですよ。我々の仕事は、『いかにかっこよく見せるか』ですから」

年齢、階級に関係なく「何でも話せる」。そうした闊達自在は、第十一飛行隊独自のものだ。

自衛隊は、完全な縦社会である。先輩に対しては「YES」が通常で、「NO」は使われない。本音は引っ込み、建前がまかり通る。

さらに言う。先輩を「弄《いじ》る」とか「からかう」ような言動はあり得ない。一〇〇パーセントない。

でも、ブルーインパルスではあり得る。これも後に綴るが、オリンピック当日にもあった。

まじめに言う。彼らの持つ信頼は崩れようがない。とんでもなく深い。ある意味、伝統を壊すくらいに。

さて、各機の紹介を簡単にしておく。

一番機は常に編隊の先頭を飛ぶ。他機の指標であり、飛行の要でもある。展示飛行の際には、地形や高度、速度などを正確に把握し、そのときどきに必要な指示を出す。

遠渡は言う。

「一番機の最も大事な役目は、メンバーが練習通りのパフォーマンス、飛行技術を発揮する環境を編隊長として構築、提供することだと考えます。加えて、飛行中の状況変化にも柔軟に対応できるよう、それを担保する信頼関係を構築し、皆で維持することも大事だと思っています」

二番機、一番機に対して左翼側。隊形の基準となる。

三番機、一番機に対して右翼側。二番機の対称となる位置につく。

四番機、一番機の後尾中央。後方から隊形をチェックする。

五番機、後尾左翼側。第一単独機としてソロ課目を飛ぶ。ブルーインパルスのエースである。また第二編隊長としての職務を担っている。

六番機、後尾右翼側。第二単独機、五番機と対称となる位置につく。五番機と組んだ課目、ソロ科目も演じる。

機体が揃った課目は、どれもたいへん美しい。

アクロバット飛行で言えば、私は「ワイド・トゥ・デルタ・ループ（五番機を除く全機で演じる）」が好きだ。デルタ隊形を維持したまま高度五五〇〇フィートまでのぼり、そこから急降下してくる。

基本フォーメーションで飛ぶ航過飛行も好きだ。アクロバット飛行が「動」なら、航過飛行は「静」だろうか。青空に引かれる白いスモークに、心が持って行かれる。

二〇二〇年五月に東京上空で飛んだ「医療従事者等に対する敬意、感謝を示す飛行」も航過飛行だ。あのとき、空を見上げた人も多かったのではないか。

五番機のソロには圧倒される。ものすごい迫力だ。「バーティカル・クライム・ロール」という課目があるのだが、旋回しながら一気に高度九〇〇〇フィートに達する。T-4はまるで竜のように見える。

六番機もきわめて高度なソロ課目を披露する。「スロー・ロール（一〇秒ほどかけて、ゆっくり回転しながら飛行）」もそうだ。

眞鍋は言う。

「一言で言うと、マニアックな課目ですかね。普通の操縦では絶対にやらないような操作になります。

完璧にできた、というのはなかなかないです。イメージ通りにできたのは、（一シーズンで）たぶん一回とか二回とかだと思います」

五番機と一緒に行う課目、たとえば「オポジット・コンティニュアス・ロール（二機が正面で交差する）」や「コーク・スクリュー（背面飛行になった五番機の周りを六番機が旋回する）」は、技術の確かさをよく教えているだろう。

安全には十分に配慮されている。日々、訓練が重ねられている。それらがわかっていても、「危ない」と叫んでしまいそうな課目をソロ機は披露する。

だけど、江口も眞鍋も、自分たちが難しいことをしているとは言わない。

「それぞれの番機に、それぞれの難しさがありますから」

そんなふうに、言う。


航空自衛隊の姿勢のひとつに、「私は死なない。誰も死なせない」がある。

名久井が言う。

「ぜんぜん普通、当たり前の話です。皆、ブルーに来る以前からそう考えています。多くの先輩方が口にされるので、自然に身についたと言いますか。リスクについても、学生の頃からしっかり認識しています」

死についての彼らの「当然」は、ずいぶん整理されている。もちろん、誰も死にたがってはいない。ただ、皆が相応の覚悟を持っている。

自らの死（不慮の事故の場合だが）の際、どんな対応をすべきなのか。あるいは、してほしいのか。

そういうことのいろいろは、きちんと家庭に伝えられていた。思いを手紙にしたため、家族に残している隊員もいた。

彼らはブルーインパルスの一員であり、戦闘機のパイロットでもあった。前向きで、明るい人ばかりだけど、ほんとうは、重くて複雑な時間を生きている。

鬼塚が言う。

「アクロバット飛行は、低空で大きな機動をやりますが、絶対にそれに慣れてはいけないと思っています。

私たちはやろうと思えば、もっと近づいたり、もっとスピードを出したりもできます。でも、そこには危険がはらんでいる。危ない領域に行ってはいけないんです。

無事に帰る、生きて帰る。私は常にそう考えています」

東島が言う。

「生きて帰ってきて、家族と同じ時間を過ごして、一緒に食事をして、そういう時間が当たり前ではないんだと定期的に思い出しながら過ごすようにしています」

手島が、ほがらかに言う。

「私はどちらかというと長生きしたいと思っているので、可能であればもう何十年、何百年でも生きたいくらいの気持ちです。生きているのって、面白いじゃないですか」

江口も言う。

「そうですね。可能な限り、生きたいです。何百年は無理なので、平均寿命ぐらいまでは生きたいです」

「死」さえ、ここでは禁忌ではないようだった。まったく気負いなく語られる。感傷的には、最後までならなかった。

眞鍋が言う。

「フライトが我々の仕事ですし、パイロットである以上、やっぱり飛んでいないと生きていけないというか。

空を飛ぶのが存在意義だと思っているので、それがなくなると『自分ではない』という感じがします」

座談会では、だいたいこんな話をした。

四章　一子相伝

「東京オリンピック２０２０」を飛んだのは十五人である。

彼らは「第一編隊アルファ（現役パイロットで構成。以下、アルファ）」と「第二編隊ブラボー（現役を引退、もしくは今後を担うパイロットらで構成。以下、ブラボー）」に分けられる。

実際にオリンピックシンボルマークを描いたのはアルファだが、ブラボーも同様のミッションに臨んでいた。

オリンピックのために重ねた時間も、ほぼ等しい。二つの編隊は「ワンチーム」として存在していた。

パイロットの名前を挙げる。階級は飛行当時のものである。

第一編隊アルファ

一番機、遠渡祐樹二等空佐（前席）、名久井朋之二等空佐（後席）
二番機　住田竜大《すみだたつひろ》一等空尉（一九八八年生まれ）
三番機　鬼塚崇玄一等空尉（前席）、槇野亮《まきのりょう》二等空佐（一九七六年生まれ、後席）
四番機　永岡皇太一等空尉
五番機　河野守利《かわのもりとし》三等空佐（一九八二年生まれ）
六番機　眞鍋成孝一等空尉

第二編隊ブラボー

一番機　平川通三等空佐（前席）、手島孝一等空尉（後席）
二番機　東島公佑一等空尉
三番機　久保佑介《くぼゆうすけ》一等空尉（一九八七年生まれ）
四番機　村上綾《むらかみりょう》一等空尉（一九八五年生まれ）

五番機　江口健一等空尉

六番機　佐藤貴宏《さとうたかひろ》一等空尉（一九八六年生まれ）

アルファ三番機後席の槇野亮二等空佐は、元ブルーインパルスパイロット（六番機）で、現在は松島基地第四航空団飛行群で飛行主任を務めている。防衛省航空幕僚監部広報室によれば、パラリンピック競技大会への備え、および資料収集のために同乗した。

槇野以外のメンバーは、「師匠と弟子」で構成されている。東島は住田の、永岡は村上の、江口は河野の、眞鍋は佐藤の弟子といったふうにである。

各機の役割、担当する課目、位置、披露する技はそれぞれ異なる。そして、それらの技は師匠から弟子に引き継がれる。「1 on 1」が徹底された形で、である。

すなわち、一番機のOR（任務待機）が訓練指導できるのは、一番機のTR（訓練待機）のみで、他機のTRは指導できない。

もっと言えば、他機に精通していないので「教えられない」。たとえば、五番機の詳細について、ほかのメンバーに訊ねても「五番機のことは、五番機に訊いてください」となる。

ブルーインパルスは完璧な連係を誇る。だが、その神髄は、個々の関係性によって隅から隅まで伝承されていく。一子相伝だ。

「師匠と弟子」は、月並みな言葉だが深い信頼で結ばれている（いくらかは相性の問題があるが、概ねそうだ）。

アルファとブラボーには、「すごく仲がいい」、「最高のペア」と言われる師弟がいる。師匠久保佑介、弟子鬼塚崇玄。三番機のふたりである。

「久保一尉に育ててもらえていなかったら」

鬼塚が言う。

「たぶん、ブルーインパルスを続けていられなかったと思います。私は操縦が上手い方ではありませんでした。実際、上達も遅かったですし。

それでも師匠は、『大丈夫、できるよ』と言い続けてくれました。

技術や人間性、指導能力、言葉掛け。師匠はすべてにおいて最高なんです。尊敬しています」

言うまでもないが「下手」では、アクロバット飛行は務まらない。操縦技量が優れているからこそ、彼らは選ばれている。

ただし、その彼らでさえ、練成訓練初期には憂いにまみれる。「こんなに難しいことはできない。自分には無理だ」と考える。第十一飛行隊では、それが一般的だ。隊員のほとんどはそう話す。

第二部「レクイエム」に登場する航空自衛隊航空保安管制群司令、渡部琢也《わたなべたくや》一等空佐（一九六七年生まれ）が言っていた。

「一年、死ぬ気になって訓練に励む。そうすれば、ブルーインパルスのパイロットになれます。航空自衛隊のパイロットなら、誰でもです」

だから、鬼塚もきっと「操縦が上手い方」なのだと思う。その上で「死ぬ気」で頑張ったのだ。おそらく。

久保が笑いながら、言う。

「尊敬してくれているのなら、たいへん光栄です。私も彼のことを尊敬しています。すごく優しいですし、周りが喜ぶことを自然にできる人間なので。

練成中は、私より鬼塚の方が苦労したと思います。『展示飛行操縦士』という資格を取得するのですが、これには相応の技量が必要になります。

彼の場合、十分な技量に到達するまでに時間がかかりました。補習のような感じで、通常より多く飛ばしてもらっていました」

私は訊ねる。そうした状況で「大丈夫」と言い続けた理由について。

久保は答える。

「資格がないときにできなくても、それは仕方のないことです。責める必要はないと私は考えています。

ブルーのフライトには、知識（アクロバット飛行には、事細かなマニュアルがある）だけではどうにもならない部分があるんです。

『ちょっと近づいてしまった』、『ちょっと角度が足りなかった』、『ちょっと危険だった』みたいなことは、操縦桿《そうじゅうかん》を握りながら、感覚的に覚えていきます。

その飲み込みが早いか遅いかは、人によって違います。鬼塚は後者でした。でも、それは私の方の問題、指導能力の不足ではなかったかと思っています」

一方、鬼塚は練成当初について、こんなふうに語る。それは、ほかの隊員が話す思いと重なるように似ていた。

「赴任してすぐは、まず師匠の後席に乗って飛びます。私は、それであっぷあっぷでした。『え、これをやるの?』、『今の動き、どうやったんだろう?』とか、もう『はてな』だらけで……。

だけど、師匠は平然としている。周囲の様子もきちんと見えている。すごすぎて『わあ、こんなふうにならないといけないのか?』『なれるのか?』と思っていました」

では、久保と鬼塚はそこからどう歩を進めたのか。

「展示飛行操縦士」の資格取得までの課程は、すべての番機が同じ流れをたどる。ただし、各機ごとに組まれるカリキュラム(フライト)は異なっている。

大きな責務を担う一番機や、技の難易度の高い五番機、六番機の訓練期間はほかの番機よりも長い。他機の倍近い長さになる。

三番機のフライト回数は四七回だ。だが、その回数に達しても、鬼塚は「最終検定(三

○ほどのチェック項目がある)」に進めなかった。
「最終検定」へ進めるか否かの判断は、師匠が行う。合否の判定は、試験フライトに同乗する隊長か飛行班長が行う。

前席、後席を頻繁に入れ替え、訓練が繰り返された。前席のときは師匠に教えを請い、後席のときは師匠の技から学ぶ。

鬼塚は技術を「見て、見て、見て」覚えていった。細則にしっかり従いながら、視覚的な情報で機体をコントロールする術を身につける。きわめて高度で、ある種異色な技術を、である。

久保が言う。

「全部、時間が解決する問題だと思っていました。

彼は安全に飛ぶことができますし、自分が『何をやればいいのか』を正確に理解していました。

だから、経験さえ積めば絶対にできるとわかっていた。その通り、後半はぐんぐんよくなってくれました」

鬼塚が言う。

「自身で実際に操縦して、見て、判断してを繰り返して、『あ、これはこういうことなんだ』という気づきがありました。

師匠はそういうところまで、私をしっかり持って来てくれました。そして、『もう大丈夫。ちゃんと安全にできているから、自分は卒業する』って言ってくれたんです」

それからすぐに、鬼塚は最終検定に合格し、三番機のORになった。ORになってからの彼について、遠渡はこう語っている。

「成長を感じました。素晴らしかったと思います」

最後に「1on1」が徹底された育成システムについて、久保に訊ねる。

「ブルーの技を伝承していくには、一子相伝でないと難しいと思います。

私は三番機で飛んでいましたが、似たような立場の『二番機の位置で飛んで』と言われたら、絶対にできません。

左右が入れ変わると、操縦操作は全部逆になってしまいます。また操縦する上で、ケアしなければならないポイントは、各機それぞれ違います。

安全に配慮しなければならない、危険になりかねない場面を、いちばんよく知っているのは、やはり経験を積んだ師匠なんです。師匠からしか伝えられないものがあると、私は思っています」

自らが体得したすべてを、後輩に誠実に伝えていく。ブルーインパルスにおける一子相伝は、きわめて理にかなった方法だと言えるだろう。

それにしても。互いを敬い合う関係には温かさを感じる。極限に近い仕事をしている人の話を聞いているととくに。

五章　オリンピックシンボルマーク

新型コロナウイルス感染症の流行は、ひどい災いだった。大勢の人が亡くなり、大勢の人が悲嘆にくれ、大勢の人が自分の運命が変わるのではないかと恐れた。

ブルーインパルスの活動にも、もちろん影響があった。イベントや航空祭はどれもこれも中止になり、技を披露する場を失ったのである。

任期が三年と区切られている中、飛ぶ機会があったパイロットもいたし、コロナ禍と重なり、ほとんど機会のなかったパイロットもいる。

この頃について言えば、赴任時期に運不運があったと思う。ただし、彼らは淡々としている。すこぶる前向きだ。

誰に訊いても、

「変えられない状況を憂いても仕方がない」

「与えられた任務に取り組むだけ」

「またいつか、飛べる日が来る」

といった内容が返ってくる。

彼らは強く、超然としている。折に触れ、思った。結局のところ、現実を受け入れるしかないのだ。

さて、松島基地では二〇二〇年三月二〇日（金曜日）に、聖火到着式が行われている。

そこで、ブルーインパルスはオリンピックシンボルマークをはじめて披露した。史上初の二チーム制を取り、できうる限りの用意を調えてのことだった。

当時のパイロットを紹介する。

第一編隊アルファ

一番機　福田哲雄二等空佐（一九七七年生まれ、前席）、遠渡祐樹二等空佐（後席）
二番機　住田竜大一等空尉
三番機　久保佑介一等空尉
四番機　村上綾一等空尉
五番機　河野守利三等空佐
六番機　佐藤貴宏一等空尉

第二編隊ブラボー

一番機　海野《うんの》勝彦《かつひこ》三等空佐（一九七六年生まれ、前席）、平川通三等空佐（後席）

二番機　中條智仁《ちゅうじょうともひと》三等空佐（一九八六年生まれ）
三番機　上原広士《うえはらひろし》一等空尉（一九八五年生まれ）
四番機　永岡皇太一等空尉
五番機　元廣哲《もとひろさとし》三等空佐（一九八〇年生まれ）
六番機　山﨑雄太《やまざきゆうた》一等空尉（一九八四年生まれ）

アルファ一番機の福田哲雄は、序章で写真撮影をしていた福田である。後席に乗った遠渡は「飛行隊長付」という立場で、いわゆるTRであった。

もし、オリンピックが延期にならなかったら、福田と海野が率いる二編隊が出陣していたことになる。

延期は必然だったし、チーム変更も通常に過ぎなかった。だから、変更になったことだけ、事実として書き記しておく。

ところで、二〇二〇年三月二〇日の松島基地は、強風が吹いていた。

航空自衛隊航空気象群松島気象隊によれば、リハーサルが行われた一九日は、こんなふうだった。

「天気晴れ　最高気温一四度、最低〇度　最大風一二ＫＴ（六m/s）

天気概要　高気圧に覆われた晴れの天気から、低気圧が発達しながら日本海へと達し次第に雲が広がる。気圧の谷は、翌日未明に通過する見込み」

二〇日の聖火到着当日は、こうだ。

「曇り一時雨　最高気温一四度、最低五度　最大風五一ＫＴ（二六m/s）

天気概要　気圧の谷が未明に通過して寒気移流の場となる。西高東低（冬型）の気圧配置により、強風（最大瞬間風速五一ＫＴ　二六m/s）が吹くとともに一時的に降雪を伴うしぐれ模様」

リハーサルは白いスモークを使い、青空にほぼ完璧なシンボルマークを描いた。本番は、五色のカラースモークを使用し、同じように描いた。

ただし、大舞台のシンボルマークはほとんど見えなかった。風が瞬時に、吹き消してしまった。

もっとも、そうなることははじめからわかっていた。パイロットなら、誰もが結果を予想できる。そんな風が吹いたのだ。

福田が言う。

「我々の力ではどうしようもなかった。まれに見る強風……、自然には勝てないです。皆『条件は悪いけど、できることをやろう』という気持ちだったと思います。後悔の残らないよう、やるべきことはやりました。あとはもう『しょうがない』しかなくないですか？まあ、ちょっとはがっかりしましたよ。『一日早ければな』って」

では、実際の様子はどうだったのだろう。

ブラボー四番機、永岡皇太に訊いた。ブラボーは当日、シンボルマークではなく「リーダーズ・ベネフィット（航過飛行）」を披露している。

「（待機している）上空で、アルファが五輪を描いているのをずっと見ていました。

よくは見えなかったのですが、スモークの出し始めから、風でぐちゃぐちゃになっていたので『ああ、やっぱり』と思いました。

きっと綺麗に描けているはず、絶対に成功しているはずって、それだけを思ってました。

祈ってたというか」

そのあと、「リーダーズ・ベネフィット」が始まる。五色のスモークは横に流されながらも、かろうじて空に残った。

永岡は言う。

「ものすごい風で、飛行自体めちゃめちゃ揺れました。それまで経験したことのない風です。着陸後も、機体が揺れていました。

航過飛行は本来、そこまで難しくないんです。でも、到着式の日はかなり難しかった。綺麗に飛べてよかったです。

皆、ほんとうにすごいなと思いました。ちゃんと機体をコントロールして、オリンピックシンボルマークを描いて」

永岡はそのフライトを「一生の思い出」と言う。「すごく嬉しかった」と笑う。

「もちろん、シンボルマークが消えてしまったのは残念でした。

だけど、大好きな仲間とビッグイベントを成功させることができた。それが嬉しかったです」

アルファとブラボー、彼らはやるべきことをやったのだ。

ところで、オリンピックのシンボルマークは、「さくら」という課目の応用である。「さくら」はアクロバット飛行ではなく、編隊連携機動飛行のひとつだ。大空に、桜の花を六機で描く。

オリンピックシンボルマークへの応用を考案したのは、当時飛行班長を務めていた越後《えちご》英《すぐる》三等空佐（一九七三年生まれ）だった。

福田が言う。

「ふたりでいろいろ話をしました。

我々は六機で、シンボルマークは五輪。一機は必要がなくなる。誰かが抜けなくちゃいけない。じゃあ誰を抜くのか。

で、『やっぱり俺らだよね』、『若い奴には、花を持たせないとね』という話になりました。そのつもりで、課目を考え始めたんです」

話し合ううちに、越後が思いつく。「さくら」を応用した六機で行う「オリンピックシンボルマーク」を、である。

福田が言う。

「班長が閃《ひらめ》いたんです。役割分担がきちんとできて、理にかなったやり方をです。ただ単に、一番機を飛ばそうとしたのではありません。一番機が加わることで、より安全に配慮した形になった。

シンボルマークの開発経緯はあまり知られていませんが、それを編み出したパイオニアにも、光が当たってほしいと私は思っています。越後三佐の功績には、大きなものがあります」

オリンピックシンボルマークは、六機で飛ぶ。一番機はスモークを出さない。二番機は赤、三番機は青、四番機は緑、五番機は黒、六番機が黄のスモークを出す。

ひとつの輪の大きさは、「さくら」と同じで四〇〇〇フィートである。安全を考慮して、それぞれの機体が一〇〇〇フィート以上の高度差を取っている。

六機はメインスタンドに向かって進入し、一斉に三六〇度の左旋回を行う。飛行スピードは二五〇ノットで、輪を描いている時間は約三五秒である。掛かっているG（航空機が旋回する際に生じる重力）は、３・５Ｇだ。

このとき、一番機も他機同様に旋回しているが、これは再集合を円滑にするために行われる。再集合後、彼らはまた都内上空を飛び、入間基地へと帰還していく。

多くの思いがひとつになって、オリンピックシンボルマークは形になった。猛威を振るう感染症でさえ、熱意の妨げにはならなかった。

パイロットたちは毎朝六時に出勤し、六時半からブリーフィングを行い、七時二〇分過ぎに救命装備室に入る。

そこでハーネス（救命胴衣）やＧスーツ（重力への耐性力を高める。腹部と両足に巻き付けて使用）を身につけ、八時からＴ‐４に乗った。

「三五秒」を完成させるため、何度も空を飛んだ。

六章　入間へ

ブルーインパルスの訓練は、松島基地上空と金華山沖の空域で行われる。

金華山エリアまでは、約二〇マイルだ。車なら一時間半の距離だが、T‐4なら五分で到着する。

この空域には、仙台に向かう民間機は飛行していない。さらに、ブルーインパルスの訓練が行われる際は、事前にアナウンスがされている。

訓練効果は基地上空が勝るが、海上での訓練は問題をいくつかクリアできた。周囲への騒音がそうだし、事故の心配もそうだ。彼らは落ちてはならないのだ。誰かがいる場所には、決して。

基地上空で行われる訓練は、実施日が事前に公表されるので、フェンス周辺には見学の人たちが訪れる。

中でも「飛行場アクロ」は、課目を通して行われる。妙技をしっかり目にすることのできる訓練である。

格納庫から出て、駐機場に並べられている機体とハーネスとGスーツ（訓練時は緑、イベントの際は青となる）を着けて現れるパイロットたち。

わくわくする瞬間だ。フェンスの向こうで、集まった人たちが手を振っている。パイロットたちも、笑顔で大きく手を振る。

余談だが、パイロットは冬の間、耐水服（ドライスーツ）を着ている。海水温の低い季節に、もし海で救助を待たなければならなくなったら。耐水服は、彼らの体温を保護し、生きられる時間を延ばすのである。

救命装備室で身につける着衣は、だいたい七、八キロになる。でも重さはもう感じない。慣れてしまっている。

T－4がランウェイ（滑走路）へ移動しているときは、燃料の匂いが強くする。熱が「もわぁ」と高みにのぼっていく。

離陸前には、スモークの確認を行う。スモークは白く薄く、走るように広がってくる。温かい霧のような感じだ。むろん、身体に害はない。

音は六機分、重なって聞こえる。キーンとかゴーとかガーとか、そういう音が耳を埋めるように、する。大音量だ。だけど、隣にいる人と会話はできる。話し声は何とか聞こえる。

四〇分くらい彼らは空にいて、課目を披露し、帰ってくる。訓練であっても、迫力はものすごい。見ているだけで、気持ちは高揚する。勇気が湧いてくる。

オリンピックシンボルマークの練習も同じように行われた。二〇二〇年の年明けからだ。はじめは金華山沖の空域で、それから松島基地上空でという形を取った。練習は、聖火到着式に向けてのものだったが、結果的には、オリンピックへ向けての一歩となる。福田が率いていたアルファは、遠渡に引き継がれ、二〇二一年七月を目指す。その後、四章に紹介したアルファとブラボーの体制となり、オリンピックの空を飛ぶのである。

遠渡は言う。

「シンボルマークは、『さくら』の隊形を少し崩したような感じでしょうか。五輪は完全に目視で描きます。その意味で言えば難しいです。ただ、ブルーの実力からすれば、輪を描くこと自体はさほど難しくありません。むしろ、そこまでの移行が難しかったと思います」

アルファはまず、デルタ隊形で会場の反対方向に進み、一八〇度旋回して縦になる。その隊形のまま、どんどん会場に近づいていく。さらに旋回し、輪の描き始めとなる位置に着く。秒の世界だ。

「一八〇度旋回してからは、彼らの見せ場になります。輪を描くポジションへの移行は、パイロットの腕次第なんです。とても難しいことをやっています」

オリンピック当日の「彼らの見せ場」を遠渡は見ていない。自身も同じように操縦していたからだ。

すべてを見ていられたパイロットがひとりいる。アルファ一番機後席、名久井朋之である。彼はGPS装置を使い、飛行経路の確認を行っていた。

名久井は言う。

「飛行隊にあった機材をT‐4に持ち込み、ナビゲーションをしていました。『それで間違っていないです』とか『今のままの速度で行くとオンタイムです』という感じで、です。

あのときは、隊長も一生懸命旋回していましたから、ほかを見る余裕はなかったと思います。

私はすぐに、『皆、とても綺麗に描けています』と言いました。下からは雲があって見えにくかったようですが、上空からはよく見えました」

五色の輪が、オリンピックシンボルマークの形にきちんと描かれていた。ブルーインパルスの持つ高い技術が示された瞬間だった。

名久井が、「しっかり覚えている」とする言葉がある。

「『完璧、完璧です』と言いました。そう記憶しています」

「完璧」に至る道は強風に、梅雨に、海霧に阻まれる。だけど、下を向く者はいなかった。彼らの道は常に淡々としている。

また、このときに限って言えば、ずいぶん家族的な日々を過ごしている。むろん、違う意見もあった。

眞鍋がにこやかに言う。

「いろいろ楽しくて、まるで修学旅行のようでした」

佐藤貴宏、久保佑介が松島入りしたのは、二〇二一年六月一四日月曜日だった。村上綾は一五日に入っている。

遠渡は言う。

「彼らが帰ってきて、飛行隊の士気が非常に高まりました。

ここは、ほかの戦闘機部隊とは違います。狭い空間で、毎日『わいわい、がちゃがちゃ』やっていて、完全にファミリーみたいになっている。

なので、組織の都合で離ればなれになっていた家族が帰ってきた、こんなに嬉しいことはないって雰囲気でしたね」

そういうわけだから、厳しい訓練の合間にたくさん話をし、笑い、休日には皆で出かけたりもした。

OBの待機所と現役の執務室は、すぐ隣り合わせだった。ただ、「わいわい、がちゃがちゃ」が復活しても、条理から外れはしなかった。秩序は保たれていたし、礼儀は守られていた。

「たとえば、三番機の久保と鬼塚はすごく仲の良い師弟でした。

普通、近くに教え子がいればちょっかいを出したいじゃないですか？　ちゃちゃを入れたくなるじゃないですか？

でも、久保はそれをしないんです。ＯＲである鬼塚の意見をまず聞き、尊重する。鬼塚もそうです。師匠を尊重し、常に『教えてください』という姿勢でいる。ほんとうに、いい空気でしたよ。アルファとブラボーはワンチームです。皆、最高だったと思います」

オリンピックシンボルマークの訓練は、五月末くらいから加速していった。本格的に、と言ってもいいだろう。

当初は金華山エリアで行われていて、松島基地上空で始まったのは、二〇二一年六月三〇日以降である。

六月末の時点で、シンボルマークは六割くらいの完成度だった。海上でも基地上空でも、訓練に感覚的な違いはない。六割から先に必要だったのは、人の目だ。

金華山エリアでも、ビデオ撮影はされていた。だが、下からどう見えているのかは、飛行場上空でないとわからない。

遠渡は言う。

「（基地での訓練で）より正確に互いの距離を修正できたり、評価ができるようになりました。そこからどんどんアップデートしていくことになります」

アルファとブラボーに実力差はない。まったく同じミッションに就くことができる。ただし、仕上がりという点で言えば、アルファの方が早かった。

「当然、一軍であるアルファ優先です。アルファを仕上げつつ、二軍のブラボーが追いかけてくるといった感じでした」

松島基地でブラボーが訓練を開始したのは七月一二日だった。一フライトあたり、六、七回の輪を描き、彼らはほどなくアルファに追いついた。

ブラボーは、聖火到着式に飛んだメンバーを中心に構成されているが、それを考慮しても、さすがはブルーインパルスと言えよう。精鋭が揃っている。

オリンピックシンボルマークの完成には、ひと月ほどを要した。技量の問題ではなく、雨天やシーフォグ（海霧）の影響が大きかった。

シーフォグは梅雨の終わりから初夏にかけて現れる。夏の季語だ。

私は「霧」と書いているが、実際は海に浮かぶ雲をいう。暖かく湿った空気が海上で冷やされて生じる。

このあたりについて、鬼塚が言う。

「シーフォグは、海から流れてきます。非常に低い雲で、包まれるとキャノピーから外が見えなくなります。あたり一面真っ白になるので。

そういうときは計器を頼りに操縦します。訓練中に雲が出て、着陸ができない場合は、茨城の百里基地や青森の三沢基地に向かいます」

梅雨には雨が続く。ありきたりだ。その上、シーフォグの流入も頻発した。

航空自衛隊の規定上、離陸できない日、着陸できない日があり、訓練はままならなかった。さらに、彼らにはシンボルマーク以外の訓練もあった。

遠渡は言う。

「アクロバット飛行は、体感や感覚に頼るところが大きくなります。

なので、ある日数を空けてしまうと一からやり直さなければならないシステムになっているんです。

宙返りとか横転とかの訓練を定期的に行わないと、それぞれが持っている資格の期限が切れてしまう。

ほかにもTRの練成もありました。飛ばないと『飛行場訓練』の資格が切れてしまうORもいました」

天候を睨みつつ、一週間に三日くらいシンボルマークの訓練を行った。一週間に一日しか飛べないこともあった。

七月上旬は、土曜日も日曜日も飛んだ。そうでないと間に合わなかった。

「今日のこの時間はアルファの何を、ブラボーの何を仕上げる」。

目標は、ひとつひとつクリアされていった。逸《はや》る気持ちは不思議となかった。

「天気と喧嘩しても仕方がないですから」

「焦って、晴れるわけでもないですから」

パイロットたちは、そんなふうに話していた。

七月一五日に、アルファとブラボー一二機による松島基地上空での交代要領の演練が行われた。

あらゆるアクシデントを想定した飛行計画が決定したのである。

遠渡が言う。

「検証はそれまでにも、何度か行ってきました。『スモークが一機出なくなりました』、『ホールド（待機）の最中、計器に不具合が起きました』、『パイロットが体調不良になりました』。こうしたトラブルはもちろん、起きる可能性があるわけです。

たとえば、アルファの黄色（六番機）に問題が起きたとしましょう。残り時間が一〇分あれば、ブラボーの黄色に交代できます。戦闘機パイロットは高い技量を持っているので、それが可能なんです」

超高速で飛行している機体の入れ替えは、とんでもなく難しい。ブルーインパルスだからこそ、「一〇分」を可能にする。

「ラスト一周のポイントが過ぎてトラブルが起きたら、編隊丸ごと交換になります。アルファが外れて、ブラボーが入る。その基準を明確にしたということです」

繰り返された検証で、パイロットは交代のポイントを理解する。皆の意見を聞いた上で、遠渡と平川が最終判断を下した。

胸中では、誰もがオリンピックシンボルマークを描きたいと思っていた。だけど、同時に祈っていた。どうかアルファにトラブルが起きませんように。むろん、心からだ。

七月一六日、午後の訓練は行われなかった。飛行隊全員で、入間基地に向かう展開の準備をした。

七月一九日、整備員半数が早朝四時半のバスで入間に向けて出発した。彼らは昼過ぎに到着し、T-4が飛んでくるのを待つ。

一九日午後、ブルーインパルスは出発する。青の展示服は着ていない。それはコンテナに収められている。

緑色のフライトスーツを着て、侍たちは飛んだ。

第二部

レクイエム

一章　東日本大震災

二〇一一年三月一一日金曜日、一四時四六分。

宮城県仙台市の東方七〇キロの太平洋を震源とする地震が発生した。マグニチュード9・0の世界観測史上最大級となる地震が、である。

防衛大学校二回生、東島公佑は部活動（短艇委員会）で海上にいた。東京湾の防衛大学校（神奈川県横須賀市）付近の海だ。好天で、波もそう高くはなかった。

「部員十四人で、カッター（短艇）を漕いでました。映画の『タイタニック』に出てくる救難艇をずっと漕ぎ続けているような感じです。

四月から三回生になるところで、練習には慣れていましたが、それでも、ものすごくハード。苦しいですよ、力が要ります」

私は訊ねる。海上では地震をどう感じるのか。しかし、彼らは揺れに気がつかなかった。何も感じなかったのだという。

「海上保安庁の船（タグボートほどの大きさ）が近づいてきて、スピーカーで知らせてくれたんです。『東北で地震があった。津波が来るかもしれないから、すぐ戻りなさい』って。そのときの認識は『いやいや、東北地方の地震でしょ。津波なんかくるのかな』くらいだったと思います」

ともあれ、彼らは防衛大学校が所有する港へ戻る。港までは、カッターで一五分くらいかかった。

「宿舎で待機していると、海自の指導教官が降りてきて『すぐに大学（階段を駆け足で、五分ほどのぼったところにある）に戻りなさい』と……。外に出て海を見たら、潮がすごく引いてました。海面が下がって、係留していたカッターのロープがピーンと張っていた」

防衛大学校では、校舎のあちらこちらに物が散乱していた。学生は広い部屋に集められ、ヘルメットを被っていた。

「そこではじめて『え、そんなにすごい地震だったの？』と思いました。

後日、朝礼でボランティアに行く学生を紹介していた記憶があります。たしか、ある程度まとまった人数が現地入りをしていたはずです。

行った人からは話を聞きました。『映像で見るのと現地で見るのではぜんぜん違う。衝撃的だった』という話です。

松島基地の隊員には自らも被災し、家族の安否も不明なまま、任務に従事している人もいる。過酷な状況下、自分ではなく、被災者を思い活動していると知り、尊敬の念を覚えました」

同じく二〇一一年三月一一日金曜日、一四時四六分、遠渡祐樹は百里基地（茨城県小美《お》玉《たま》市）上空にいた。

第七航空団飛行群、第三〇二飛行隊に勤務、当時の階級は一等空尉である。

「あのときはF‐4ファントム四機で塊になって飛んでいました。編隊長になったか、ならないかの頃だと思います。飛行中でしたので、揺れたのはまったくわかりませんでした」

ただ、常にやり取りをしている管制官との無線がぷつんと途切れた。通常ではあり得ない、あってはならない事態だ。

「交信は、20秒から30秒ほどストップしました。空中戦みたいな訓練をやっていたのですが即ストップミッション、訓練中止です」

指示を出していた管制官は、入間基地（埼玉県狭山《さやま》市）にいた。しかし、入間も相当に揺れた。ために、管制が一時不能になったのである。

「30秒くらいで管制官とのやり取りは復活しました。まず、聞こえたのは短く『地震』。それから、しばらく間があり『大変な事態になっている』という話があって、『帰ってこい』となりました。

ただ、百里も震度六強だったので、最初の情報では『滑走路が波打っていて降りられない』ということでした」

飛行機は非常時に備えた燃料を積んで飛んでいる。母基地に着陸できない場合は、代替の飛行場へ向かうことになる。

だが、結局それは不要だった。「点検を再度行った、大丈夫だった」という連絡を受けたからである。

「で、降りると百里は大混雑でした。訓練を行っていたのは、我々だけではありません。複数のエリアから飛行機が帰ってくる。結果、十数機が集中する状況になっていました。

地上滑走をしていた際に強い余震がきました。ものすごい揺れでした。

エンジンカットをして降りようとしたときにも揺れて、一旦コックピットの中に避難しました。

コックピットの位置が高いのと、民間機のように昇降用の階段が付くわけではないので揺れると危険なんです」

この翌日、遠渡は茨城県鉾田《ほこた》市の市役所を訪ねている。何かニーズはありますか。災害派遣の要請はないですか。

「鉾田市は水道が止まっていたので、給水支援の調整を行いました。ごく当たり前の、通常任務です」

翌々日には「松島基地の増強のため」の人員招集の要請（五名）が、百里基地にも届く。

自ら手を上げた隊員はもちろん、いた。だがその一方、百里基地自体が深く被災していた。

「災害派遣には、まず陸上自衛隊が行きます。陸自は人数も多く、訓練もしていて、専用の機材も持っている。我々はその補塡のような形になります。

言い方を変えれば、そう簡単に声はかかりません。一パイロットが『行きたい』と言って行けるものではないんです。

さらに、あのときは、百里も水が出ませんでしたし、電気も付きませんでした。基地待機をしていましたが、とにかく寒かったですね。

あまりに寒いので、フライトのときに着るGスーツを着て、皆で身体を寄せ合って寝ていました。

当然、役に立ちたいという思いはありました。強くそう思っていました。だけど、実際には、自分たちがどうするかで精いっぱい。何もできないことに、ものすごいふがいなさを感じていました」

同じく二〇一一年三月一一日金曜日一四時四六分、園田健二《そのだけんじ》は芦屋基地（福岡県遠賀《おんが》

郡）に勤務していた。当時の階級は一等空尉である。

「私は第一三飛行教育団、第一飛行教育隊で教官をしていました。

あの日は、学生のフライト訓練の予定でした。『さあ、飛行機のところに行こう』というタイミングで、『フライトキャンセル』の連絡を受けたんです」

教官室に戻ると、テレビが地震発生を告げていた。地を無尽蔵の水が暴れるように走っている。すなわち、画面はもう津波を映していた。最初に感じたのは「ものすごいことが起きた」だった。

「『もう飛んでいる場合ではない』と思いました。それから『どんな指示が来るのか』を考えました。災害派遣が必要になるのは明白でしたから」

途方もない数の人たちが、甚大な被害を被っていた。猛烈な揺れだけではない。押し寄せる水がすべて奪っていく。それは果てない破壊だ。死を容易に想起させる。

一刻も早い、目に見える行動が必要だった。後に詳しく触れるが、自衛隊は陸海空一〇万七〇〇〇の人員を持って、未曽有の震災に対応している。彼ら、「統合任務部隊」は高い士気を持って、被災地にさまざまな救いの「手」を届けた。

園田への指令は翌日に出た。

「一一日は当直で基地に泊まりました。一二日朝下番（勤務解除）で自宅に戻ったのですが、昼に呼び出しがあり、『派遣になる。今から行ってくれ』となりました」

園田はだから、「昼飯を摂って、荷物を詰め込んで」、そのまま新幹線に乗った。行き先は、入間基地だった。

「人員は横田や浜松、あと松島にも派遣されました。芦屋は揺れていませんし、浮き足立つような雰囲気はありませんでした。決められた初動人数を淡々と派遣する、そんな感じだったと思います」

移動中の新幹線の記憶が園田にはない。たぶん寝ていたんじゃないですかね、そんなふうに話す。

入間基地での二週間は、文字通り「寝る間も惜しんで」の日々になった。

災害派遣を司る司令部には、全国から四〇人ほどが集まって来ていた。いわゆる第一陣だが、この時点では、まだ統合任務部隊は結成されていない。結成されたのは、三月一四日だ。

「東日本大震災への対応は、大規模震災と原子力震災の支援、この二正面作戦になっていました。

司令部では『どの部隊をどこに派遣する』とか、『どれだけの人数をここへ寄こせ』だとか、そうした類い全部の主導権を取っていました」

だから、そこには情報が次々に入ってくる。派遣される隊員、物資、機材等は、今どういう状況なのか。松島をはじめ、全国の基地からきわめて詳細に、だ。

また、それらをまとめる作業もあった。活動の成果、現場の状況を逐次集約して、指揮官の判断に資するよう、わかりやすくまとめるのである。たとえば「被災地に何時に到着する」、「活動開始は何時からになる」といったふうにである。

むろん、はじめから上手くいったわけではない。

当初はいろいろが、ぜんぜん間に合っていなかった。何もかもが足らなかったと言うべきか。情報は錯綜《さくそう》していたし、それを受け取る人数は、わずか四〇人に過ぎなかった。

「最初の二日くらいは交代もいなくて、二四時間ずっと任務に就いていました。仮眠も取れなかった。もうひたすら、ひたすらって感じでしたね。

その後、増強要員が来て二交代制になって、一二時間交代になりました。下番の時間帯に食事（入間基地の食堂から届く運搬食。学校給食のようなものだ）や洗濯、身の回りのことをしました。

大変でしたけど、『しんどい』とか『つらい』とかはなかった。我々はそのために鍛えている。体力的にも、まったく問題ありませんでした」

入間基地の司令部は地下にあった。広さは体育館ほどで、区切りがなされている。張り詰めた雰囲気の中を、声が頻繁に行き交っている。それはあちらこちらで重なり、どんどん大きくなる。ちょっと怒声に似ていた。

「当初は、必要な情報がなかなか揃いませんでした。予定通りにことが運ばなかったり、解釈が間違っていたりもありました。

で、情報の報告や確認を大声でする状況になった。『A部隊は何々を持っていく』、『B部隊は、今どこどこにいる』、『C部隊の出発はいつだ？』、『この情報はまだ来ないのか？』、『聞こえないぞー』みたいに……。

皆、心は被災者、被災地のほうにありつつ、決められたことをやっていました。

ただ、自分の気持ちとしては、被災地に入りたかったですね。身体を動かして、人を助けたかった。自衛隊という組織にいるからには、やっぱり」

震災当時、自衛官の士気は非常に高かった。上官のこんな言葉が残っている。「全員が自分が自衛官だということをわきまえていた」。

園田が二週間の任務を終えた後、さらに増強の人員が来て三交代制になった。その頃になると、「いろいろ」は上手く回るようになっていた。出口は到底《とうてい》見えなかったにしても。

二章　芦屋基地にいた

東北の新聞社、河北新報（仙台市青葉区五橋）の当日号外から引用紹介する。

「宮城震度7　M8・8大津波被害」

「激しい揺れ　白昼襲う」

太い見出しだ。カラー写真が五枚、そのうち二枚はテレビの画像をそのまま使用している。街は津波に飲まれ、たくさんの車が水に浮いている。

「11日午後2時46分ごろ、東北地方を中心とする東日本の広い範囲で強い地震があり、宮城県で震度7を記録した。気象庁によると、震度7は宮城県北部。震源地は三陸沖で、震源の深さは約10キロ。地震の規模を示すマグニチュード（M）は8・8。」

そして、翌日一二日土曜日の河北新報の一面。

「宮城震度7大津波」

「M8・8国内最大　死者・不明者多数」

太い見出しに加え、カラー写真が二枚。うち一枚には細かい文字で、こう言葉が添えてある。「地震による大津波で流された多くの家屋＝11日午後4時8分、名取市」。

写真は、惨烈な状況を余すことなく伝えている。

海か陸かもわからない場所で、何かが激しく燃えている。火は強いオレンジ色をしている。煙が高く、もうもうと上がっている。悲しくて、胸が詰まる。できれば、もう見たくない。

でも、二〇一一年の三月一一日はずっと覚えていなくてはいけない。未曾有の痛みがそこにあった。夥《おびただ》しい数の痛みだ。決して風化させてはいけない。

一面は「原子力緊急事態を宣言　福島第一原子炉の水位低下6000人に避難指示」、（震度六弱以上を観測した）「各地の震度」、「陸自災害派遣『安全へ総力』首相」とも伝えている。

「政府は11日、東北・関東大地震を受け、菅直人《かんなおと》首相と全閣僚が出席した緊急災害対策本部を官邸で数回開き、自衛隊や警察広域緊急援助隊などを被災地に最大限派遣し、救援、救助活動に総力を挙げる方針を決めた。これを受けて陸上自衛隊は部隊を災害派遣で出動させた」

そして、三月一一日一八時に、北澤俊美《きたざわとしみ》防衛大臣が「大規模震災災害派遣命令」を発出するのである。

派遣活動については『証言　自衛隊員たちの東日本大震災』（大場一石編著　並木書房）から引用、抜粋する。だいぶ長い引用となる。

「自衛隊の活動」

（1）災害派遣活動

【著者注　前略】

派遣された自衛隊の規模は、ピーク時、陸上、海上、航空自衛隊の総数で、人員約一〇万七〇〇〇人、航空機五四一機、艦艇五九隻となった（後述の原子力災害派遣を含む）。

自衛隊による災害派遣は、自衛隊法第八三条に基づき、天災地変その他災害に対して人命または財産の保護のため必要があると認められる場合に、都道府県知事等の要請により（ただし、特に緊急を要する場合は要請を待たずに）、防衛大臣等の命令により派遣され、捜索・救助、水防、医療、防疫、給水、人員や物資の輸送など、さまざまな災害派遣活動を行うものである。

今回の派遣部隊は、陸上自衛隊東北方面総監を指揮官とする陸上・海上・航空の統合任務部隊として編成された（三月一四日）。

【中略】

主な実績は、人命救助者数一万九二八六人、遺体収容数九四〇八体、給水支援が三万一二二八トン、給食支援が三八六万六八九八食、入浴支援が六二万四九三三人（五月一七日現在)。

【中略】

(2) 原子力災害派遣

三月一一日の地震および津波により東京電力福島第一原子力発電所で発生した事故について菅総理大臣は原子力災害特別措置法による原子力緊急事態宣言を発出し、原子力災害対策本部長として、防衛大臣に対して自衛隊の部隊等の派遣を要請した。

【中略】

今回の派遣において自衛隊の部隊は、直接、原発事故に対処する活動(原子炉冷却のための給水や放水作業)も実施した。給水作業は、福島第一および第二原発に対するもので、第一原発では三月一二日および一四日に実施され、第二原発では一四日および一五日に実施された。

放水作業は、第一原発に対するもので、放射性物質の放出に対処しつつ、原子炉冷却のため、三月一七日に陸上自衛隊のCH47ヘリコプター二機による空中からの放水作業を実施した(放水量合計約三〇トン)。

続いて、陸上、海上および航空自衛隊の消防車による放水作業も実施した。放水は、三月一七日、一八日、二〇日および二一日にわたり実施され、派遣消防車は延べ四四両、放水量は合計三三二トンとなった。

第一部「侍、空を飛ぶ」一章に綴ったブルーインパルスへの好感は、こうした活動と無縁ではないだろう。

石巻市の人たちが言う「ブルーインパルスは地元の宝、私らの誇り」は、まったく正直な思いだったし、「街でブルーのパイロットを見かけた」というのは、ちょっとした自慢話だった。

彼らは、よく知っているのだと思う。三月一一日以降、自衛隊が何をしたか。何をしてくれたのかをしっかり覚えているのだと思う。

では、あの日、ブルーインパルスはどこにいたのか。

パイロットたちは、福岡県にいた。

「新幹線全線開通イベント」のため、二〇一一年三月一〇日木曜日に、七機(一機は記録撮影用のT‐4ノーマル機）で飛んできたのである。
「新幹線全線開通イベント」に参加したメンバーはこうだ。階級はすべて当時のものを記す。

一番機　渡部琢也二等空佐、隊長OR（ブルーインパルス在籍中に一等空佐）、安田《やすだ》勉《べん》三等空佐、飛行班長OR（一九六七年生まれ）、平岡《ひらおか》勝《まさる》三等空佐、飛行班長付TR（一九六九年生まれ）

二番機　里見《さとみ》祥延《よしのぶ》一等空尉OR（一九七七年生まれ）、山本《やまもと》晋司《しんじ》一等空尉TR（一九七六年生まれ）

三番機　大越《おおこし》佑史《ゆうじ》一等空尉OR（一九八〇年生まれ）

四番機　濱井《はまい》佑一郎《ゆういちろう》一等空尉OR（一九七七年生まれ）、堀口《ほりぐち》忠義《ただよし》一等空尉TR（一九八〇年生まれ）

五番機　井川《いがわ》広行《ひろゆき》三等空佐OR（一九七二年生まれ）、乃万《のま》剛一《よしかず》三等空佐TR（一九七四年生まれ）

六番機　井上英昭《いのうえひであき》一等空尉ＯＲ（一九七八年生まれ）

地上統制を担当する安田とフライトのナレーションを担当する堀口は春日基地（福岡県春日市）に宿泊し、金曜日のリハーサルに臨むパイロットは芦屋基地に宿泊した。

堀口忠義は言う。

「木曜日の朝、松島基地を発《た》つ前に、石巻で震度四の地震がありました。でも、それを前震だとは思いませんでした」

輸送機での移動中も、地震の話はとくにでなかった。つまり、彼らにとって、三月一〇日木曜日は普通の日だった。「展開をする」は、任務の一環に過ぎない。大切なのは「展示」をきちんとやり遂げることだ。

「新幹線全線開通イベント」は、三月一二日が本番だった。

渡部琢也が言う。

「（福岡には）一〇日に着いて、一一日に予行で博多上空を飛びました。天候に恵まれ、皆で気持ちよく飛んで、芦屋基地に戻って、降りて、ブリーフィングを終えて、ちょっとゆっくりしているときでした」

誰かがテレビをつけた。アナウンサーが大震災の発災を告げている。どこの局もそうだ。繰り返し、報じ続けている。

ブルーインパルスのパイロットたちは、それから一様に、携帯で電話を掛け始める。宮城に残してきた家族へ向けて、「早く逃げろ。津波が来ているぞ」。

震度七の大地震である。被災していない隊員家族はいなかった。家具が倒れ、家の中はぐちゃぐちゃになっている。

ただ、幸い、連絡はついた。状況を伝え、避難を促すこともできた。

安田勉が言う。

「津波が来て浸水する前までは、電話は問題なく繋がりました。

当時、私は福岡市内のビル屋上にいました。スマホで見た映像では、気仙沼に津波が来ていましたが、まだ東松島は大丈夫でした。

子どもたちの安否を確認した後、妻には『家から出るな』と言いました。うちは官舎の四階でしたので、その方が安全だと思ったんです。

向こうは停電していて、情報が入ってこない。防災無線は鳴っているけど、『吹雪もあって、なかなか聞こえない』と妻は言っていました」

松島は太平洋側で、降雪はそう多くない。隊員が「三月に雪は珍しい」と言っていた。でも、この日は激しく雪が降っていた。東京でなら「大雪警報」が出そうなくらいの雪だ。

井川広行が言う。

「私は、石巻市のアパート（二階）に住んでいました。芦屋基地で最初に見た映像は、気仙沼と仙台空港が波に飲まれるシーンでした。それで津波が来るのがわかりました。

家に電話すると、ちょうど娘が幼稚園から帰ってきていて……。『津波が来る。海から離れろ。車で逃げろ。とにかく山の方に行け』と言いました。それで、うちの家族は助かりました」

渡部が静かに、言った。

「あのときは、堀口が大変だったんですよ。電話の途中、奥さんが『あ、津波が来た』って言って、そのまま切れてしまった。

そこから音信不通。安否確認もできない。そうなると、誰だって思うじゃないですか。生きているのかなって」

三章　二日間

ところで、堀口忠義は「泣き虫」と呼ばれている。

安田勉や井川広行が言っていた。

「あいつ、泣き虫なんですよ」

揶揄《やゆ》ではない。むしろ、親しみを感じさせた。もっと言えば、彼らは間違ったことを言っていない。

ほんとうの話、堀口はよく泣いた。私と話をしているときにも、何度か泣いた。でも、それには明確な理由がある。

彼は、二〇一一年三月一一日を忘れていない。自身の痛みも、被災地の痛みも詳らかに覚えている。だから、泣くのだ。

当日を振りかえる。

福岡空港事務所を表敬訪問し、春日基地に帰るところだった。移動中の車両に、乃万剛一から電話が入る。

「まずは落ち着いて聞いてくれ」

と彼は言った。

堀口は話す。

「話の内容は『一五分後に六メートルの津波が来る』でした。

すぐ、宮城に電話を掛けました。娘は幼稚園に行っていて、家には妻と息子（一歳二ヶ月）がいました。妻は娘を待つか避難するかで迷っていて。

一四時四六分は、娘が幼稚園から帰ってくる時間帯だったんです。妻は『家に残る。もう少し待ってみる』と言い、一旦電話を切りました」

だが、電話は、それからなかなか繋がらない。ようやく繋がったとき、妻はロフトにいた。短く、言った。

「あ、津波が来た。窓から水が見える」

電話はそれで切れた。

何度掛けても、もう繋がらなかった。津波は、周辺基地局すべてを壊していた。

「私が住んでいたのは、松島基地近くの借家です。三角屋根の平屋で四畳半くらいのロフトが付いてました。

だけど、津波の高さは六メートルって情報だったので、家が飲み込まれたんじゃないかって思いました。家族は生きているんだろうかって」

何とも言えない思いだった。恐怖を感じた。眠れなくなった。食事も摂れなかった。不安に押しつぶされそうだった。

「その後、娘は幼稚園に残っていて無事とわかったんですが、妻の方はどうしているのかまったくわからない。

最後に繋がったのが自宅だったので、たぶん家に残っていると思って、一晩中メールを送り続けました」

堀口はそんなことを泣きながら、話した。手に小さなタオルハンカチを持っていて、時折、それで涙を拭いた。

「ロフトに来客用の寝具があるから、使って」

「あと少ししたら朝になる。もうちょっと頑張れ」

既読にはならなかったが、寒いだろうと思って、時刻がわからないだろうと思って、彼はメールを書き続けた。

泣いてはいたが、任務からは離れなかった。松島の情報を芦屋から集め、これからどういう行動を起こすのか、何が必要なのかを考えた。

「家族が心配ではありましたが、私は自衛官なので『やることがある』と思っていました。メールも任務に支障のない範囲、空き時間に行いました」

三月一二日土曜日、堀口は安田や整備員とともに芦屋基地に移動した。

安田が言う。

「堀口は車中、ずっと泣いていました」

それは本人も認めている。「けっこう泣いていました」、「常に涙目でした」。

私は思う。誰だって、人前で泣きたくはない。だけど、泣かずにはいられないのだ。そうした感情が、被災者のものであるのは自明だ。

金曜日一四時四六分以降、多くの人の運命が変わった。瞬時に壊れ、どんどん奪われていく。その悲痛さはいかばかりだったろうか。

愛する存在との別れは、自身の一部を失うことだ。何度でも書く。風化させてはいけないのだ。断じて。

堀口は言う。

「あのときは、自分が悔しかったですね。どうして普段の生活をもっと大事にしなかったんだろうって。

妻が作ってくれるご飯を、もっと美味しいって食べればよかったなって。何げない毎日が、ほんとうはありがたかったんだなって、すごく感じました」

予定されていた「新幹線全線開通イベント」は中止になっていた。

芦屋基地にいるブルーインパルスのパイロットも土日は任務がない。堀口は皆が気遣ってくれたと言った。

濱井佑一郎が地元の警察署に電話を入れた。里見祥延がＳＮＳで安否確認を試みた。たとえば、そういうことだ。

渡部琢也は、もう少し踏み込んだ対応をした。すべきを心得ていたというべきか。そして結果的に、それが「待ちわびた知らせ」をもたらすことになる。

堀口が言う。

「一二日、松島では災害派遣の任務が始まっていました。渡部隊長は任務に支障のない範囲で、『もし近くを担当する隊員がいたら、帰路のついででいいから様子を確認してくれ』と頼んでくれたんです」

それはあくまで「ついで」の話だった。

だけど、近くを通りがかった隊員はそうした。帰りしなの空いた時間に、堀口の家に立ち寄ったのである。

家は、地震と津波の泥でぐちゃぐちゃになっていた。声を掛けたが、誰もいなかった。その場を離れようとしたとき、隣家の住人が帰ってきて、言った。

「ここの家の人（堀口の妻子）なら、中学校に避難して無事ですよ」

隣人は昨夜、違う場所に避難していた。水が引くのを待ち、車で妻を救助しにやってきた。

隣人の妻はロフト（構造が同じ家が二軒並んで建っていた）にいた。そのロフトに堀口の妻子もいた。隣人は三人を車に乗せ、中学校へ避難させた。これが「ついで」についての顚末である。

堀口は言う。

「地震の後、戸外でお隣の奥さんといるときに『黒いもの（津波）が近づいてくる』のが見え、一緒にロフトに逃げたということらしいです」

一報が松島から届いたとき、堀口は立っていられなかった。その場に泣き崩れる。周囲が「ほんとうに、すごい温かくて」ありがたかった。

実際に話ができたのは、一三日だ。妻は娘と息子とともに、夫の両親の車に乗っていた。車は岐阜に向かっている（堀口は岐阜出身で、両親は岐阜在住）。

両親は、三人の救出をまったくためらわなかった。一一日の夜には、すでに、岐阜を発っている。必要と思われるものを積み、自家用車でだ。

高速道路は緊急車両しか使えなかったため、新潟経由で行けるところまで行き、あとは下道を使った。丸一日、走り続けた。

車が仙台に入った頃、両親とも電話が繋がらなくなった。そして一三日の夕方、堀口は携帯を通して、妻の声を聞く。

明るい声が、言った。

「泣いたんだって？」

二日間、夫がどう過ごしていたか。妻はすでに知っているようだった。

人生は一瞬で、劇的に変化する。

ちゃんと生きていてくれた。堀口は、それが嬉しくてたまらなかった。なかなか言葉が出てこない。「大丈夫か」とか「良かった」とか、「安心した」とも、すぐには言えなかった。

私は思う。こういうときは、きっとそういうものなのだ。

四章　それを行う勇気

ブルーインパルスのパイロットたちは、三月一四日一七時発のＣ‐１３０（輸送機）に乗り、入間基地に向かった。

Ｃ‐１３０は愛知県の小牧基地の所属で、芦屋基地へは発電機の回収に来ていた。もちろん、集められた発電機は被災地に届けられる。

井川広行が言う。

「各基地に発電機があるんですが、それを回収しに来た便に、我々も乗せてもらえることになったんです」

操縦してきたＴ‐４七機は、芦屋基地の格納庫に残している。ふたたび飛ぶ日が来るまで、そこに保管される。

入間基地から先は、大型バスでの移動である。

道程は、東北に入った頃からひどい悪路になった。なにしろ、高速道路は段差だらけだ。応急処置として土嚢《どのう》などで緩和したところを選び、バスはきわめてゆっくり走った。それでも、ばたんばたんと車体は揺れた。

安田勉が言う。

「ものすごいんですよ、でこぼこで。寝ようと思っても眠れないくらいでした」

堀口忠義が言う。

「入間を出たのは二〇時で、松島に着いたのが翌日一五日の早朝六時くらいだったので、片道一〇時間はかかったと思います。

バスを運転してくれた隊員は、我々を送り届けた後、とんぼ返りで入間に帰って行きました。次の人員を送るためなのですが、ほぼほぼ休まず運転していたので、ちょっと衝撃的でした」

ブルーインパルスの母基地、松島はがれきが散乱し、見渡す限り泥に覆われていた。気温が低いせいか、まだ異臭はしない。泥の重たい臭いがした。

安田が言う。

「まるで映画みたいでした。現実のこととは思えなかった。田んぼに車が突き刺さって、大型バスは潰れて。

水の力ってすごいです。『これ、元通りになるのかな』っていうのが第一印象でした」

津波は地を走るように、大きく幅広く押し寄せてきている。流されているのは車だけではない。家も流されている。

自衛隊が撮影し、公開されている資料映像を見ると、基地の外を歩く人々に対し、隊員らが声を限りに叫んでいる。まだ辺り一面が海のようになる前だ。

「走れ、走れ。津波が来たぞ」

「逃げて。逃げろ、逃げろ」

映像はそれからを映していない。

あの方たちは助かったのでしょうか？　広報室に訊ねたが、「わかりません」とのことだった。

基地を囲んでいるフェンスは地震では倒れていない。でも、津波の後は倒れている。

「水の力ってすごい」のだ。

堀口が言う。

「私は車が二台流されました。基地に置いていた車は、五〇〇メートルくらい離れた場所で見つかったんですが、窓が割れて中にドラム缶がぼんっと入っていました。

自宅には一メートル半の高さ（床上浸水七〇センチ）の水が来て、家電は全滅。家財もほとんどがだめになりました」

松島基地は壊滅的な被害を負っていた。

ＵＨ‐60Ｊ（ヘリコプター）やＵ‐１２５Ａ（ジェット機）といった救難捜索機もだ。

もし、それらが被災していなかったら、いの一番に救助に向かっていたはずだ。

ＵＨ‐60Ｊは航続距離が長く、救難可能区域も広い。陸地で孤立している人を助けられたし、津波を避け、高所に避難していた人も助けられたろう。

この機には、メディックと呼ばれるきわめて精強な救難員が乗っている。彼らはどんなところへも、どんなときも、誰かを救助に向かう。常に、そうしてきた。

Ｕ‐１２５Ａは捜索レーダー、赤外線暗視装置を搭載している。山間部での被害状況の確認、海上の状況確認等に大いに役割を果たしたろう。

だけど、三月一一日は、いつもならできることができなかった。

津波は戦闘機、Ｆ‐２も押し流している。約22トンの重さのＦ‐２を、である。機体はすべて泥に塗《まみ》れ、汚れ、葦《あし》のような茶色いものが大量に絡みついている。松島基地が保有する全機が使用不能になった。

新聞報道は、津波の高さを二メートルだったと伝えている。基地内の自転車置き場の屋根が二メートルほどの高さだ。たしかに、水はそこまで達している。

堀口が言う。

「F‐2ですが、水を被っていないのは垂直尾翼の一部くらいでした。それで、新しい部品とほぼ丸々交換する形になりました」

ブルーインパルスのパイロットたちは、それからすぐに民生支援に入る。寝泊まりは飛行隊隊舎二階の床、「濡れてないところ」である。

寝具はない。

「あ、毛布が一枚あったかもしれない」

と安田が笑った。私は訊ねる。床に寝て身体は痛くならないですか。

「痛くはなります。でも、それが大変だとは思わない。外で寝るよりましですから。演習場の訓練では、土の上に寝ます。屋根のついている廊下で寝られるのなんか、ラッキーですよ」

民生支援の任務にあたっている時期、彼らは入浴ができなかった。

安田が言う。

「水が出ませんでしたからね。ウエットティッシュで『ひゃあ、冷たい』って言いながら、身体を拭きました。

風呂に入れたのは、基地の風呂が使えるようになってからです。まず、地域の人たちに入ってもらいました。皆さんに喜んでもらえて嬉しかったです。

私たちもいちばん最後に入浴しました。三週間ぶりくらいだったかな。気持ちが良かったですよ」

食べていたのは、冷え切った缶詰である。美味しくはない。でも、お腹はいっぱいになる。味も付いている。鶏飯だったり、赤飯だったりする。

堀口が言う。

「ガスも電気も使えないので、温める手段がない。

最初の頃は、毎日『かちかち』のを食べてました。箸だと折れてしまうので、スプーンを使ってました。

米は口の中に入れると『ばっさばっさ』です。おかずは小さい缶詰がありましたが、それも冷たかったですね」

おかしな言い方だが、彼らと話をしていると「大変」の意味がわからなくなる。強さに驚かされる。

私は、何度も言った。「大変でしたね」。だけど、彼らは言うのだ、「大変ではありませんでした」。

安田が言う。

「『大変』の基準が違うんだと思います。絶望もしませんでした。家族は無事、自分は生きている。生きていれば何とかなるんですよ。

変な話、飛行機は壊れたら新しくできます。でも、人間はそうはいきませんから」

隊員らもそうだ。基地は壊れ、傷ついている。いろんなものを膨大に失った。やるべきことが山積している。

しかし、彼らは絶望していない。微塵《みじん》もだ。それどころか、

「笑うしかないっしょ」

と話す。膝上くらいの水が残った基地内を歩きながら明るい声で、である。

実際、彼らは、手作業で滑走路を一本使えるようにした。スコップなどを用い、たった

三日で離発着を可能にした。

さらに言えば、彼らは熟知している。こういうときは、全国から必ず仲間が来てくれる。もう、すぐ近くまで来ているはずだ。

堀口が言う。

「あのときは、自衛官としてやらなければならないことをやろうと思っていました。もちろん、家族に会いたいという思いはありました。でも、周りを見渡すと、家族を亡くされた方がたくさんいらっしゃる。家族が無事だった自分は、人の役に立たないといけない。何か役に立てることを見つけて動かなければと思いました。だから、地域の皆さんに頼まれることは何でも断らずにやりました。それが正解だったのかはわからないですけど、そのときできることを精いっぱいやりました」

やりきれないほど悲しい事態になって、はじめてわかることがある。たとえば、人の強さがそうだ。

自衛官だけの話ではない。震災後の被災者の懸命さはどうだ。立派としか言いようがないではないか。

市井の人たちが示す「生きようとする力」に私は打たれる。心から尊いと思う。

堀口が家族と再会したのは、五月の連休だった。震災時には歩いていなかった息子が、歩けるようになっていた。

「元気で安心しました。すごく嬉しかった」

と彼は話した。

五章　ブルーインパルス通り

ブルーインパルスのパイロット、元パイロットには友好的な人が多い（そうじゃない人も、いるにはいる）。

広報を担って「いる」、「いた」というのもあるだろうが話題を多く持っている。興味深い話を、途切れずに続けることができる。

渡部琢也もそうだった。折り目正しいが、独特のユーモアを持ち合わせている。会話は自然と弾んだ。

「いや、もう思い出せないですよ。安田や井川と一緒に取材してくれればよかったのに。あいつら、ようしゃべりますからね」

でも、渡部は詳細に覚えていた。

思い出せないのは、二〇一一年八月二〇日に東松島市で開催された「ありがとう! 東松島元気フェスタ」での自身の有り様くらいだ。

井川広行は言っていた。

「元気フェスタのときは感動のあまり、隊長と堀口がわんわん泣いてました」

堀口忠義は言う。

「松島を飛ぶブルーを観て、地元の人たちは非常に盛り上がっていました。とても喜んでくださっていた。

口々に『よく帰ってきてくれた』、『飛んでくれてありがとう』って声をかけてくださって……」

当然、堀口は胸を熱くする。言葉に詰まって、涙をこらえられなかった。このあたりについては映像に残っている。そして「わんわん」ではないが、渡部も涙しているように見える。目元が潤んで、赤い。

渡部が言う。

「ぜんぜん覚えていません。井川の証言？　展示で空を飛んでいたんだから、あいつが知るわけないじゃないですか。

堀口に聞いてください。堀口は泣いてましたよ、わんわん。

あ、それから『私は泣いていないが、何か異議があれば直接電話してこい』と伝えてください」

あの日、堀口は渡部の隣に立っていた。確認したが、

「隊長の方を見ていなかったので、わかりません」

とのことだった。

ともあれ、この件では皆で大いに笑った。取材対象者も取材者もである。そういうのは第二部「レクイエム」では、だいぶ珍しかった。彼らの涙は、温かな記憶だ。それを嬉し

く思う。

渡部に訊ねる。

二〇一一年三月一一日金曜日以降の思いについて。様子について。

「『震災のときの隊長』とよく言われるんですが、揺れたときや津波のとき、私はそこにいなかった。

もちろん、恐怖も感じていません。だから、『震災のときの……』と言われるとちょっと恥ずかしい。ほんとうに苦労したのは松島にいた隊員たちです」

はじめにそう断って、彼は続ける。

「我々が松島に帰ったのは三日後、飛行機とバスを乗り継いで、基地に着いたのが四日目の朝。

そうしたら、皆、気合いが入っているんですよ。『何のために自衛隊に入ったのか。この日のためだろう』みたいな感じで。

パイロットとしてではなく、自衛官としての使命感です。飛ぶことなんていっさい考えていない。

とにかく、士気がすごく高かった。『災害派遣でも何でもやるぞ』という勢いでした」

目前に、扉がひしゃげてしまった格納庫があった。ごちゃごちゃと重なるように飛行機が連なっていた。隊舎は泥だらけで、一階は何もかもが使用不可だった。

井川が言う。

「ここを必ず復興する。考えていたのはそれだけです」

安田が言う。

「松島基地が、地域の支えになれればいいなと思いました。困っている人たちの助けになる場所にしたかった。

基地が復興すれば炊き出しもできますし、入浴支援もできます。

滑走路が使えれば、民生支援品を運んでもらえます。それが集まれば各所に届けることもできます。他所からヘリに来てもらって、離れている場所に炊き出しに行くこともできます。

基地が機能することによって、どんどん人の役に立てる。人助けができると考えていました」

こうした「熱さ」に対して、渡部が掛けた言葉がある。安田や井川は、それで「安心した」し、「楽になった」。「ああ、そうなんだ」と思った。

「皆はまじめで頑張りすぎるから、頑張らないでいよう」

渡部はそう言った。

でも、それは一般的な気遣いとはちょっと違っていた。ほんとうは、こういうことだった。

渡部が言う。

「あれは反省の弁なんですよ、私の。あのとき、私は、さまざまな災害派遣に携わりました。

東松島市に連絡幹部として行き、捜索活動に加わり、民生支援、給水支援などを行いました。

その中に、ご遺体の安置作業があったんです。ご遺体が見つかるとまず検視にかけられ、それから遺体袋に入れられ、体育館のような場所に運ばれてきます。その安置を行う任務でした」

渡部はほかの作業と同じように、皆に声を掛けた。「誰か希望する者は?」皆が手を上げた。

「その際、若い隊員も選んじゃったんですよ。『じゃあ、元気そうなお前とお前……』みたいな感じで。

だけど、若い者は、人の死にあまり慣れていない。一日三〇〇体のご遺体を安置していると、精神的に追い込まれてしまう。

ご遺体の安置には、もう少し人を選ぶべきだった。この点、反省しています。

若い隊員には、『あんまり頑張りすぎるな』と声を掛けました。皆にも『お前らは、頑張れって言わなくても頑張るから、逆に頑張るな』って言いました」

言うまでもなく、遺体と向き合うのはつらい作業だ。昔、ホスピスの取材をしていたとき、そういう場面が何度かあった。死はすぐそばにある。その事実がひどく重く、どうにも悲しかった。

井川が言う。

「近しい仲間(五番機の整備員)が遺体安置所に行ったとき、妊婦のご遺体が安置されていたそうです。

旦那さんは生きていらして、安置所にご遺体を引き取りに来られた。おなかの大きな奥さんを、泥だらけになっている奥さんを抱きかかえて、車の助手席に座らせた。

その手伝いを仲間はした。『耐えられなかった』と言ってました。聞いているだけで、私も泣きそうでした」

復興への道には、数え切れないほどの死が重なっていた。

井川は捜索中、人の死には会わなかった。だが、動物の死は「いっぱい見た」。犬がとても多かった。

まだ生きている牛もいた。どこからか流されて来て、為す術なく横たわっていた。やがて、そこへも死が訪れる。おそらく。

堀口が言う。

「夜、真っ暗な道に『何かいるな』と思って、よく見たら牛でした。ひどく弱って、苦しそうな、浅い呼吸をしていました。

基地の南側に牛の飼育をしているところがあったので、そこから流されたのかもしれません。

仲間も見たと言っていたので、ほかにも何頭かいたんだと思います」

こうした状況下、彼らがしていたことを綴る。

松島基地に増援が入ったのは、二週間が過ぎた頃だった。それで、週末に若干休めるようになる。そこまでは、休日はなかった。ずっと任務に就いていた。

井川が言う。

「当初は五〇人くらいの三交代制で、水や食料を配ったり、民家の片付けをしたりしてました。

ガソリンスタンドの人に頼まれて、積もった泥の除去もしました。『この泥を除けば地下タンクのガソリンが出せる。車一〇〇台分ほどになる』って言われて……」

車一〇〇台分のガソリン。それは被災地にとって、幸い以外の何ものでもなかった。だから、もちろん彼らはガソリンを使えるようにする。重い泥を懸命に払う。

「我々は六人チームだったんですが、無線で仲間を呼び寄せながら掃除をしました。ガソリンを出せたときは嬉しかったですね。

この頃は『何をやりなさい』と決まっていなかったので、町に出ては困っている人に声を掛けてました」

困っている人の中に、高齢の女性がいた。自宅の前にひとり、ぽつんと佇《たたず》んでいる。闇のように、黒く汚れた家だ。

女性は何もできないでいた。そして、「家をかたづけてほしい」と言った。

井川が言う。

「皆で家の中のものを運び出しました。どろどろになった畳とかをです。家財は全部だめになっていました。

作業するときは、足元に気をつけていました。至るところに、釘のような『踏むと危ない』のが出ているんですよ。

ゴムの長靴しかなかったので、途中からそれに鉄板を入れて履いてました」

鉄板の用意があったわけではない。使えるものを、そのまま長靴に「突っ込んだ」。靴の形をしていようがいまいが関係なかった。そうでもしないと、足に穴が開くのだ。

自衛官の毎日を人々は見ていた。

混沌の続く中、彼らは少しずつ、それでも着実に何かを変えていく。いずれも、よい方にだ。

安田勉が言う。

「航空自衛隊は、陸上自衛隊のような訓練はやっていません。陸自はすごいですよ、本職ですから。ぜんぜん違います」

人々は感謝していた。誰もが、として過言ではないだろう。誰もが、胸を熱くしていた。口々に「ありがとう」と言った。

堀口が言う。

「いちばん印象に残っているのは、あめ玉をくれようとしたおばあさんです」

その人は、

「いろいろしてくれて、ほんとうにありがとう」

と言った。

あめ玉を差し出して、

「これ、自衛隊さんに。食べてください」

と言った。

住居は被災し、住むところがない。水も食べものも自由には手に入らない。そんな状況でのあめ玉である。

被災者の粛々とした振る舞いは、賞賛に値する。「おばあさんのあめ玉」もそうだ。文句なしに素晴らしい。

堀口は、そのあめ玉を受け取らなかった。

「ありがとうございます。でも、それはお孫さんにあげてください」

と言った。

ぎりぎりの場面で、人が人を思いやる。こんなに優しい「あめ玉」は、滅多にないだろう。つまり、自衛隊はあのときそういう仕事をしたのである。

渡部は言う。

「我々のことで言えば、たしかに『絆』は深まりました。ブルーインパルスの勤務は三年、その中に大震災があったという違いだと思うんですが……。

自衛隊では『団結』という言葉をよく使います。『団結』は同じ目標、目的を持った人たちが共に行動する。同じ目標という磁石でくっついていて、それを達成したら外れてしまいます。

当時、我々は家族のようでした。

皆には『絆』は『手のひら』だと話しました。目標がなかったとしても、指は離れない。繋がっている。やっぱり困難の度合いが強ければ強いほど、そういう意識は深まりますよね。

感じているものをうまく表現できないのですが、震災を経験したメンバーとは『絆』の度合いが違います。

指を無理に離そうとすると『あいたたた』ってなるでしょう？　剝がそうとしたら血が出るでしょう？

要するに『手のひら』、我々は融合しているんです」

東松島市には、総延長約六〇〇メートルの「ブルーインパルス通り」がある。

ＪＲ仙石線矢本駅から航空自衛隊松島基地若松門までの市内三本の道路（県道矢本停車

場線、市道矢本駅前線、市道新沼五四号線）を総称し、「ブルーインパルス通り（道路愛称）」となった。

道路脇には白地の看板が立っている。青い文字で「ブルーインパルス通り」と書かれている。除幕式は二〇二〇年一二月二四日に行われている。

「ブルーインパルス通り」は、松島基地航空祭や東松島夏まつりなどの地域イベントのメインとなる導線である。

手のひらの絆は、ここにも結ばれている。

六章　ふたたび空へ

渡部琢也が率いるブルーインパルスは、二〇一一年五月に松島基地を離れる。向かったのは、福岡県にある芦屋基地だ。

「移動訓練という形で、二三日から芦屋で訓練をすることになったんです。

そのとき、何を思ったかと言えば、『飛んでいていいのか』でした。全国から災害派遣のために隊員が集まって来ている。芦屋基地からも、です。なのに、我々は芦屋で飛び、松島に行く隊員を見送ったりもする。非常につらいものがありました。『飛んでる場合じゃないだろう』って思いますよ、それは」

渡部の思いは、ブルーインパルスの思いでもあった。

井川広行が言う。

「正直、『乗っていいのかな』って。仲間が復興に力を尽くしている時期だったので、複雑でしたね」

堀口忠義が言う。

「ブルーに乗るのは『今、やるべき任務なのか』という思いがありました。松島では、多くの基地から災害派遣に来てもらい、復旧に向けての活動が続いている。飛べるのは嬉しかったですが、葛藤はありました」

皆の思いを変えたのも、渡部の言葉だった。「組織として飛ぶことが仕事なのだから」、「淡々と行こう」、「腹八分目でやれ」。そんな言葉たちだ。

渡部が言う。

「五〇年引き継がれてきた技、いわゆる曲技飛行をやれるのは我々しかいない。この仕事ができるのは、うちらだけなんです。

だから、うちらは飛ぶんだってことを言い聞かせました。それでも『災害派遣』って言う隊員はいましたがね。実際、私もそう思ってましたし。

だけど、ほんとうの話、展示飛行でアクロバットをやるのはブルーインパルスしかできない。そして、我々もその技を引き継いでいかなければならないんです」

彼らはだから、空に戻った。普通に飛行する分にはあまり問題なかった。だが、ブルーインパルスは普通ではない。飛ぶのは、簡単ではなかった。

飛行機の操縦は一週間空くと感覚が違ってくる。ブルーインパルスのように高度な飛行技術を要する場合は尚更だ。克服するには訓練、飛ぶしかないのだ。

堀口が言う。

「アクロバットをやる上では、飛行感覚がものすごく重要です。飛んでいないと劣ってしまいますが、飛んでいけば復活する。

震災後、はじめて操縦桿を握ったときは感謝しました。

復興に従事している方が基地の内外にいっぱいいる。そんな中、飛ばせてもらうのだから、一回一回のフライトを大切に飛ぼうと思いました」

仮拠点となった芦屋基地はもちろん、他基地からもさまざまなサポートがあった。ブルーインパルスは、そこで研鑽を積んでいく。

訓練時間が潤沢にあったわけではない。訓練可能な空域も限られていた。その中で、並大抵ではない努力をした。

そして、彼らは乗り越える。新しいスタートを切る。二〇一一年八月七日、北海道千歳基地の航空祭で編隊連携機動飛行を披露する。

渡部が言う。

「展示飛行については、震災後いろんな意見がありました。主には、いつ復活できるのかって話です。

我々の訓練の進捗具合を鑑《かんが》みてということでしたが、やっぱり飛んでよかったと思いました。皆さまにたいへん喜んでいただけましたから。

千歳の次が宮城、『ありがとう！　東松島元気フェスタ』です。ほら、堀口が泣いていたあの八月の」

八月二〇日、深く傷を負った町に大勢の人が集まっていた。通りには、屋台が並んでいる。時が満ち、ブルーインパルスが飛んでくる。編隊連携機動飛行だ。

人々は空を見上げる。爆音が通り過ぎていく。白いスモークが残る。誰かと誰かが話している。

「最高、すごい」

「嬉しい」

「この町はやっぱり飛行機が飛ばないと……」

堀口が言う。

「最初は不安な気持ちでした。まだ復旧もしていないのに、ブルーが飛ぶってどうなんだろうって。でも、ほんとうに喜んでいただけて、『飛んでくれてありがとう』って言ってもらえて。

『仮設住宅から来た』という方もいました。たいへんな苦労をされている中、見に来てくださった。それほど嬉しいことはないです。

はじめて、展示飛行をすることで誰かの支えになれるのかなって思えました。これまでしてきたことは、間違っていなかったんだなって」

二〇一一年、ブルーインパルスは一二回の展示飛行を実施している。そのうち四回はアクロバット飛行を披露した。

「手のひら」で結ばれたパイロットたちは、今も鮮明に覚えている。二〇一一年三月一一日金曜日一四時四六分とそれからの日々。

第三部

三五秒で描いた

一章　展開

二〇二一年七月一九日。

ブルーインパルスは入間基地に向け、松島基地を離陸する。一三時〇二分頃だ。

この日はT‐4一二機を移動させるのが、彼らの任務だった。

一五時三〇分頃に整備員を乗せた輸送機、C‐2が離陸した。輸送機にはコンテナが積まれている。コンテナには、機材のほか隊員の私物も収められている。

パイロットが使っているのは、ブルーインパルス専用の四角いバッグだ。黒い布地に金のラインが入っている。大きさは六〇×三〇×三〇くらいだろうか。

そこに、生活必需品を詰める。着替えとか洗顔道具とか、入浴セットといった類いのものだ。夏場なので、着替えは多めに入れてある。

松島基地から入間基地までは、四〇分ほどのフライトである。午後の入間には積乱雲が立っていた。夏の雲だ。東北の空にはあまり立たない。

輸送機は一六時過ぎに着いた。

着陸後、総括班と整備班がコンテナを開く。パイロットたちの荷物は、そのまま宿泊する部屋へ届けられる。

部屋には、六人が泊まることができる。壁に沿うような形で、左右にベッド（移動式）が三台ずつ並んでいる。シーツの掛かったマットレスの足元には、薄い毛布が三枚、綺麗に重ねられている。

人数分のロッカーもある。私物はそこにしまう。エアコンもある。ただし、家庭用と異なり、温度調節ができない。風の強さだけは調整できた。小型の冷蔵庫もある。ただし、部屋では飲食はできなかった。

部屋は無機質な感じがする。長く使われていなかったようで、ちょっと埃っぽかった。だけど、それは入間基地が用意できた精いっぱいだった。

この辺りのことを、四番機ＯＲ永岡皇太に訊く。

入間への展開後、永岡はだいぶ忙しかった。こまごました調整が、山のようにあった。

基地内の移動手段、待機場所、宿泊、食事、入浴などについて確認、手配をした。

それらは四番機の任務だった。「飛行群運用幹部」が役職の正式名称だ。今は永岡が担っている。

「まず二番機が大まかな調整をします。『ブルーが今から行きます』とか『何人行きます』といった調整の後、私が細部を詰めていく感じです。

食事や入浴の時間とか、寝具等が不足していたら、それをどこに取りに行けばいいのかとか。自由時間に皆で集まれる場所の確保とか。

言わば、生活に必要なすべての調整ですね。あちこち走り回っていました。

調整は通常、展開二ヶ月前から電話やメールで現場とやり取りをします。でも、今回はオリンピックがどうなるのかわからなかったので、開催決定直後からになりました。

結果、入間にはけっこう無理をお願いすることになってしまい、申し訳なかったと思っています」

調整の過程には、アクシデントもあった。入間基地での新型コロナウイルス感染である。

そのため、いくつか予定が変更になった。「埃っぽい部屋」もそうだ。急遽、手配されている。

　永岡が言う。

「当初、我々は個室を使用することになっていました。でも、そこはコロナ罹患者用に充てられることになった。

　感染の可能性があるので、もちろんそこには近づけません。

で、最善を尽くそうということで、コロナ用の隊舎とは離れた、まったく別なところに部屋を設けてもらった。それが『六人部屋』です。

　ただ、本番前なので大事を取って、自費で近隣の宿泊施設に泊まった隊員もいました」

　二つ用意された部屋には、階級別に六人のパイロットが振り分けられた（これも永岡の作業だ）。

　一九日について言えば、一旦、全員が部屋に入っている。ホテルや知人宅に行く隊員は、荷物を部屋に置いてから基地を出た。

　遠渡祐樹もそのひとりだ。私物をロッカーに入れた後、事前に予約していた飯能《はんのう》のホテルに入った。そこから、入間に出勤する形を取ったのである。

遠渡は言う。

「ホテルを選択したのは体調維持という面もありましたが、イメージトレーニングと言うか、フライトの準備をしたかったからです。

それに没頭できる環境は、なかなか基地の中では作りにくい。皆でいるのは楽しいですが、ひとりでゆっくりいられるスペースが必要だと思いました。

準備のための環境確保をしたというところでしょうか」

ところで、「六人部屋」のエアコンは強烈にその役目を果たしたらしい。誰もが「寒かった」と言った。

だけど、彼らはそれを「深刻」にはしなかった。まるで愉快な思い出のように話した。

たぶん、ほんとうに楽しかったのだと思う。

「たしかに寒かったですが、毛布で眠れました。（エアコンを）切ったら切ったで、また地獄のように暑いので」

と笑ったのは久保佑介だ。久保は一泊だけホテルを選択している。

「幼い頃からエアコンが苦手で。クーラー病になるんですよ」

と笑ったのは平川通だ。したがって、彼も入間には宿泊していない。先輩の家やホテルを選んだ。

「灼熱を凌駕《りょうが》するエアコンの効きでした。私はどちらかと言えば、夏は窓を開けて寝たいタイプなので」

と笑ったのは鬼塚崇玄だ。鬼塚は二三日までをホテル泊にし、本番後は入間に宿泊した。

結局、隊員の半数ほどが基地以外を選択している。大舞台の前だ。体調維持が何より大切だった。

永岡が笑いながら、言う。

「皆、現場に来ると文句ばかり言うんですよ。エアコンは本来、夜間は使えないのを猛暑対策で使えるようにしてもらった。

寒かったら服を着ろ、毛布を使えば大丈夫。それで問題なし」

「文句」は本音ではあったと思う。ただ、それらは概ね笑いに消化される。

実際、入間基地に滞在した五泊六日の間、彼らはよく笑った。日々に緊張は感じられなかった。平穏だったというべきか。

暑いとか寒いとかはあったにしろ、眠れない者はいなかったし、美味しいとは言えない食事も、そのまま受け入れた。

食事について言えば、こんなふうだった。

朝食には配られるパンを食べる。ソーセージパン、カレーパン、チョコレートパン、ピザパン、あんパンなどを二個ずつ。一〇〇円くらいの市販品だ。それに牛乳が付く。

昼と夜はだいたい、温められたレトルト食品が用意された。毎食だと飽きてしまうので、基地内の食堂（自費）へ行くこともあった。

食堂では、生姜焼き定食やカツ丼、チャーハン、ラーメン、うどんなどが食べられる。コンビニで弁当を買うこともあった。

手島孝が言う。

「パンは好きなので、毎朝食べていました」

東島公佑が言う。

「私も、すべて基地内で食べました」

江口健が言う。

「入間基地には良くしてもらいました。コロナ禍にあって、我々を受け入れてくれて。感染しないよう対策をしてくれて。ほんとうにありがたかったです」

この三人は、五泊六日を基地で過ごしている。でも、「エアコンはものすごく効いていました」とは言う。

基地に宿泊した隊員は、細部の調整に忙しい永岡を待って、夜に皆で入浴をした。六人部屋から少し歩いたところに、広い浴場があった。

永岡は言う。

「皆、優しいから待っていてくれるんです。今回が特別というわけではなくて、ブルーはめちゃくちゃ仲がいいので、普段も一緒に行動することが多いです」

入浴後、部屋に戻って、たあいのない話をした。ひとしきり、笑った。二二時くらいには床に就いた。

長かった一九日が終わった。

二章　特別な夏の彼ら

七月二〇日に何をしていたか。詳しく覚えているパイロットはいない。

むろん、業務はあった。主には、二一日のリハーサルに向けた準備である。クルーと一緒にT‐4を磨く。最新の気象情報を入手する。たとえば、そういったことだ。

東島が言う。

「情報収集は、誰がやると決まっているわけではありません。入手に手間がかかるものもありますし、分担してする。その上で、集めた情報を皆で共有するといった感じです」

ただ、永岡以外「忙しかった」と言う者はいなかった。永岡は相変わらず、調整に走り回っていた。

この夏はひどい暑さが続いていた。だから、普段なら徒歩で移動する距離にも、車を出してもらうことになった。そうした交渉をしていた。

「皆の生活を牛耳っていたのは私です」

と永岡は大いに胸を張るが、必ずしもすべてが周知されていたわけではない。

「え、車は永岡の手配ですか？　入間基地の厚意だと思っていました」

と訝しむ者もいた。

それを永岡に伝えると、

「誰ですか？　そんな舐《な》めたことを言っているのは」

と言い、声を上げて笑う。取材を始めてから、私はいつも誰かの笑い声を聞いている。

名久井朋之は、階級上位者の部屋に滞在していた。入間基地滞在の間、何をしていたかを訊く。

「ほかの人は外泊していて、部屋は私ひとりでした。自由な時間は基本、腕立て伏せや腹筋をしているか、パソコンで動画を見てるか。

朝は五時半とか六時には起きていました。皆、そうだったと思います。早朝に走っている人もいました。

私はあまり走るのが好きではないんですが、入間にはジムがなかったので、とりあえず走りました。距離は、二キロくらいだったと思います。ストレス解消になりますし、運動がしたかったので」

二〇日は、午後から「体力錬成」を目的とした運動（駆け足や筋力トレーニング）が行われている。

それでも、自主的に走る者は多かった。早朝に、毎日だ。

名久井が笑いながら、言う。

「運動をこまめにやり始めたのは、ブルーに来てからです。展示服（青いフライトスーツ。通称、青服）は細めに作られているので、気を許すと入らなくなってしまうんです」

ブルーインパルスのパイロットは、おしなべて細い。食べても太らないという者もいたし、留意している者もいた。

第一部三章で、平川が言っていた。

「正直、かっこいいのって大事なんですよ。我々の仕事は、『いかにかっこよく見せるか』ですから」

私は思う。この意味において、展示服を細く着こなすことは彼らの仕事なのだ。多くの人に見られる任務だから、自制も必要なのだろう。

鬼塚が言う。

「私も身体は鍛えています。見に来てくださる方に、『だらしない』と思われたくないですからね。

我々はブルーインパルスの、航空自衛隊の看板を背負っているんです」

そういうこともあって、彼らは厳しい暑さの中を走っている。

久保が言う。

「私は、佐藤貴宏と一緒に八キロを走りました。きちんと水分は摂ってましたが、熱中症になりそうなくらい暑かったです。佐藤も『だるい』と言っていました」

それでも、彼らは走るのだ。体力錬成のため、躊躇もせずに。

ところで、入間基地滞在中には「ラップ」が一部で流行っていた。韻を踏む言葉の遊びだ。

これについて言えば、「一部」以外にはさほど歓迎されなかった。

「ああ、そう言えばやってましたね」

のレベルでしか記憶されていない。忘れてしまった者もいる。

「そんなの、やっていましたっけ？」

しかし、先輩に振られて、披露した方は違う。鮮明に覚えている。なぜか。大々的に「滑った」からである。

眞鍋成孝が、やはり笑いながら言う（眞鍋は「六人部屋」での日々を修学旅行のようで、楽しかったと話す）。

「今、思い出しても恥ずかしいんですけど、絶対振られると思って、前日から用意してたんです」

まじめに考え、用意したのがこのフレーズだ。

「ブルーインパルス最高、最強。盛り上げるぜ、東京」

これを皆の前で、披露した。

「大声で言えば、ちょっとは受けるかと思って、全力で行ったんですが『シーン』となってしまって……。

ただ滑りです。もう、全力で滑りました。ほんとうに恥ずかしかった」

眞鍋はラップを再現してくれたが、私も笑わなかった。「滑った」あたりで、だいぶ笑っていたからだ。私見だが、「ブルーインパルス最高、最強」はぜんぜん悪くないと思う。

「ラップ」の流行は、河野守利と佐藤に端を発している。

眞鍋が言う。

「部屋で話をしているときに、なぜだか始まったんですよ、韻を踏むのが。河野と佐藤が笑いながら、急にこっちにも振ってくる。私はそういうのをけっこう返せたので。

たとえば『オリンピック』って振られたら、『天気がいい日はピクニック』って返しました。受けましたよ。ふたりともすごく楽しそうでした」

こうした「振り」は、入間基地にいる間、続いた。

「ふとした瞬間、少しでも暇な時間があると『ぽん』という感じで来るんです」

その夏は彼らにとって、特別なシーズンだったはずだ。

オリンピックで飛ぶ。世界が彼らの描くシンボルマークを見る。そんな高揚の中、「天気がいい日はピクニック」か。さすがだ。ブルーインパルス、並ではない。

鬼塚が言う。

「ブルーの訓練は厳しいです。命がかかります。すごく危ない。

一方、私たちにはパフォーマーとしての気概がありますし、飛行にはエンターテインメント的なところがあります。

『自分たちが楽しんでいないと、周りを楽しませることはできない』。先輩たちがよく話していた言葉です。

なるほどなって思いましたし、私も弟子にそういう気持ちを持ってもらいたいと思って教えていました」

ブルーインパルスは風通しがいい、とはここまで何度か書いた。その理由がわかる気がする。

鬼塚が言うように、彼らの飛行には命がかかる。だから、言わずにはいられないのだ。

「もっとこうしてください」

「あれでは、安心してつけません」

相手が誰であれ、「だめなものはだめ」と言わないといけないのだ。

遠渡が言う。

「一番機の資格取得までに一年二ヶ月ほどかかりました。その間、ずっとついてくれていたのが、久保、村上、佐藤です。

当時、彼らはばりばりのORでいろいろ教えてくれました。『こんなふうにしてもらったほうが、後ろはつきやすいです』とか、出来ていないところをしっかり指摘してくれた。

自衛隊には階級があります。当然、彼らはすごく気を遣ったと思います。

失礼のないように、敬意を払いつつ、言わなければならないことはちゃんと言う。そういう姿勢が私を育ててくれました。

私はブルーに変な壁を作りたくなかった。もちろん『仲良しクラブ』ではいけないのですが、その一歩手前ぐらいのところまではいけたんじゃないかと思います。皆が警戒心を持たず、ハードルを越えて来てくれた。それがわかる機会はよくありました」

こうした状況あっての「天気がいい日はピクニック」なのである。

類似するエピソードはまだあった。

オリンピック開会式本番の際の話だ。河野と佐藤が面白い。これも、遠渡の言葉で紹介しよう。

「入間では皆、普段通りに過ごしていました。出陣式でも、です。

ただ、装具を装着しに救命装備室に移動したとき、一部がちょっとぴりぴりしているのを感じました。

シンボルマークを描き終わって帰還してから、それを佐藤がいじっていました。いじられていたのは、河野です」

書き添えておくが、佐藤は河野の後輩である。ふたりのやり取りはこんなふうだった。

佐藤が言う。

「なんだよ、一軍。ぴりぴりして、小せえな」

河野が応える。

「そんなことないぞ。だいたい緊張くらいすんだろう」

佐藤がまた言う。

「いや、あの緊張はない」

念のため、これも書き添えておくがふたりは仲がいい。そして、彼らは風通しの良いブルーインパルスのパイロットであり、元パイロットであった。

遠渡が笑いながら言う。

「仲良く言い争ってました。いじり、いじられ、じゃれ合っているような感じでした」

ブルーインパルスの取材を始めたとき、私は厳粛な読みものを書くつもりでいた。命のかかる任務を紹介するのだ。それ以外になりようがないと考えていた。

しかし、これまでのところ、厳かだけの話にはなっていない。彼らの「洗いざらい」はひどく重い反面、救いがある。

不思議だが、どこか優しくさえあった。おそらく、それは彼らが「楽しんでいる」からなのだ。

言うまでもなく、ブルーインパルスの日常は厳しさ、険しさ、怖さ、緊張を傍らに置く。私は、そんな日常を「楽しんでいる」隊員の話を聞き、書いている。

ともあれ、彼らは特別な夏を普段通りに過ごした。

七月二〇日に何をしていたかに戻れば、主にはT‐4をぴかぴかにした。展示飛行の際は、いつも綺麗にする。誇りを持って、そうしている。

三章　ブルールート

七月二一日は、東京上空にオリンピックシンボルマークを描く、リハーサルの日だ。カラースモークではなく、白いスモークを使用する。

ブルーインパルスが飛ぶのは、「ブルールート」と称される高度帯だ。事前に国土交通省（以下、国交省）と調整し決定した。

この調整を行ったのは遠渡祐樹、名久井朋之、槙野亮、平川通の四名である。

遠渡が言う。

「国交省に行ったのは七月二日です。一日に松島を出ました。平川ら三人が先に出て、私は業務があったので、夜の便（新幹線）に乗りました」

宿泊したのはビジネスホテルだ。二日はまず、防衛省航空幕僚監部広報室を訪れる。そのため、市ヶ谷周辺のホテルが選ばれた。

「当日は電車移動で市ヶ谷に行きました。広報室には、午前九時には入っていたと思います。

広報室はブルーの大元と言いますか、取り締まりのようなものなので、責任者に挨拶をしたという感じです。

長くはいませんでした。一〇時前には後にしました」

次に向かったのが、国交省だ。航空局交通管制部管制課と調整をする。

当たり前だが、都内上空は自由に飛行できる空間ではない。事前の摺り合わせが必須になる。

「エリア、空域もそうですが、こういう飛行をしたいというところで、まず私たちが思い描いていた経路を提出しました」

すなわち、ここを曲がって、まっすぐ行って、ここでくるっと回って、何時何分にどこどこを飛びたい、といった提案をしたのである。

国交省の担当者は二名であった。いずれも管制官の資格を持っている。そして、ブルーインパルス側が地図で提出した経路を簡単に理解した。

ブルーインパルス側は遠渡と平川が主体となって、話をした。

「平川は上京前に、『確認すべきこと』を一〇項目くらいにまとめてくれていました。松島でそれを見せてもらい、ふたりで『これを追加しましょう』とか『ここはこうですね』というふうに詰めていった。

実務的なところすべてを平川がやってくれた。この件に関しては、だいぶ苦労していると思います」

そういうわけで、ここからは平川に訊く。まずは飛行プランについて、だ。

平川は話す。

「プランは基本、私が作りました。具体的には『オリンピックが決まりました』、ではどういうふうに飛ぶのか？『入間が離発着地になりました』、では燃料はどのくらい必要なのか？

最寄りの基地から距離があれば、現地での展示飛行は短くなる。それはそうですよね。だから、まず計算をして、展示飛行がどれくらい可能かを把握するんです」

シンボルマークを一回描くとカラースモークはどれくらい消費するのか。オリンピック、パラリンピックまでに、五色それぞれは何リットルずつ残るのか。多方向から、綿密に計算された。

予算の都合で、カラースモークは新たな補充ができなかった。かといって、事前検証を行わないわけにはいかない。

「松島で、練習に使える量を測る必要がありました。

本番はこのぐらいあれば十分出来る、では、残りの分で何回練習できるのか。計算しましたよ。

また、展示飛行には、依頼者側からのリクエストがあります。先方が課目に詳しくないとも多いので、通常、『こういうことができます』と打診しつつ、プランを決めていきます」

全容がまとまれば、次に地図を起こす。飛行ルートを明確にするのが地図だ。

今回で言えば、入間基地から国立競技場までだが、むろん直線ではない。たとえば、皇居上空は避けたし、羽田空港の真上も飛べなかった。

「準備は多岐にわたりましたが、七月二日にはすべての用意が整っていました」

したがって、航空局交通管制部管制課とのやりとりはきわめてスムーズだった。

提出した飛行経路（地図）を、担当者は「ああ、というような雰囲気」で受け取った。

そこから管制上の許可を得るための交渉が始まる。

平川が言う。

「『こういうルートを考えています』という話から始めました。

飛行に許可が要る空域があり、我々はそこへの進入を希望している。なので、まずその辺りの確認をしました。

『こういうところは飛べますか？』とか『ここを飛びたいのですが、問題はないですか？』とかです。

また、無線を使用するので、具体的な許可の受け方、（許可を）受けるタイミング、入間の管制から、東京コントロールへ周波数を移行するタイミング等を教えてもらいました」

遠渡が言う。

「飛行ルートを理解していただいた上で、『じゃあ、どうするのか』という流れになりました。

『どうするのか』というのは、羽田の離発着機の邪魔を『する、しない』だったり、警察や消防、報道のヘリコプターがいる場所を教えてもらったりといったことです。

あと、突発的に何かの飛行機が現れた場合の処置についても、アドバイスをいただきました」

シンボルマークを描く際、ブルーインパルスは同じ空域をほぼ二周する。その間、安全上の無線を出したり、号令を掛けたり、スモークを出したりする。

平川が言う。

「その都度、『東京コントロール、こちらブルーインパルス、進入許可をいただけますか?』とやり取りするのは煩雑です。なので、最初に『このルートはすべて飛んでいいよ』という形の許可を頂戴できないかとお願いしました」

遠渡が言う。

「空にはポイントがいっぱいあって、パイロットと管制官は、ずっとやり取りをしています。『どこどこポイントまで通っていいですよ』、『はい、わかりました。どこどこポイントまで行きます』みたいな会話を、です。

で、ブルーが飛びたい経路を承認してもらう際、『新宿から三鷹の方に行きます。経路の許可をもらったほうがいいですか?』とか、『三鷹からスタジアムのほうに入ってきて、五輪を描くときに、再度許可をもらったほうがいいですか?』とかをお尋ねしたんです」

管制官の返答は明快だった。

「わかりました。都度の確認は必要ありません。今回の飛行ルート、十数分の経路を一括して許可しましょう」

そしてその経路は、「ブルールート」と呼ばれることになった。ブルールート、ブルーの道である。目に見えない、空の。

遠渡が言う。

「結果、いざ都心に向かって入ろうとしたときに交わしたやり取りは、こんなふうになりました。

日本語で言うと『すみません、今からブルールートすべてを通りますがいいですか？』、これに対して管制官が『ブルールート、すべてＯＫです。どうぞ開始してください』みたいな感じです。

すごく協力的と言いますか、『ブルールート』にしても、先方から提案してくださったので助かりました」

その「ブルールート」について、平川に訊く。了承を得た経路は、どのくらいの高度帯だったのだろうか。

平川が答える。

「高さは三〇〇〇フィートだったと思います。約九〇〇メートルですね。

航空法で決まっているのですが、建物から一定の距離を取らなければいけません。それが最低飛行高度になります。

『ブルールート』では、スカイツリーを基準にして、基本的に三〇〇〇フィート。下限高度が二五〇〇フィート、上限高度が五〇〇〇フィートだったと思います。

三〇〇〇のところに雲があれば、そこは飛べないじゃないですか。だから、上下を選んで飛行する。

ただし二五〇〇で、(二〇八〇フィートの)スカイツリーの直上を通ったら、航空法違反になるので距離を取りながら飛びます。

オリンピックシンボルを描くときは、高度が高いほうが綺麗に見えるんです。で、そのときだけは五〇〇〇フィートに上昇するという調整をしていたんですが、結局は雲があって、高度を上げることできませんでした」

国交省との調整を終え、次に向かったのが東京都庁(新宿区)である。無線機の設置場所を確認するのが主な用件だった。時刻は一三時を回っていた。

オリンピックでは、都庁前の広場と屋上に、飛行管理員と整備員を派遣することになっている。ブルーインパルスは開会式当日、彼らから無線で指示を受ける。二日は雨が降っていて、雲が低く垂れ込めていた。蒸し蒸ししている。人通りは少なかった。

挨拶を済ませて、屋上へのぼる。都庁職員に案内され、数台のエレベーターを乗り継いでいく。平川はこのとき「ああ、腹減ったな」と考えていた。心中で、こっそり。屋上は思ったより、だいぶ狭かった。柵で四方を囲まれている。柵と雲で、周囲は何も見えなかった。

このとき、遠渡は「よかった。景色が見えない」と思っていた。飛行時の高度はまったく問題ないが、中途半端な高さが苦手なのだ。

遠渡が笑いながら言う。

「辺り一面、雲で真っ白という感じで助かりました。屋上は狭かったのですが、皆で『まあこれだったら、ぎりぎり機材は置けるね』みたいな話をしました」

平川も言う。笑いながらだ。

「屋上はさぞかし景色がいいんだろうなと思っていたら、ぜんぜんまったく何も見えない。だけど、無線が通りやすい場所ではあるわけですよ。無線がきちんと伝達されることがいちばんなので、よい場所だなって思いました」

都庁には長居はしなかった。それから、遅い昼食を摂る。四人で蕎麦を食べた。盛りそばに天ぷらのついたセットだ。

食べながら、

「これで一安心ですね」

「あとは天気次第だね」

そういう話をした。蕎麦も天ぷらも美味しかった。

四章　カメラシップ

七月二一日のリハーサルは七機で飛ぶ。

そのうちの一機はカメラシップ、すなわち撮影を目的としていた。前席で操縦するのは江口健で、後席にはカメラを持った久保佑介が乗る。

ほかの六機は、アルファのパイロットが前席に、後席にブラボーのパイロットが乗っている。パイロット全員が「東京の空」の経験を共有するのだ。

久保が言う。

「本番で、何かアクシデントが起きたときのために、『こういうところを飛ぶ』というのを慣熟しておく必要があったんです」

リハーサルには彼らの正装、展示服（青服）を着る。展示服は個々の部屋ではなく、待機室に全員分が掛けてあった。

Gスーツを着ける救命装備室は、待機室からだいぶ離れていた。一キロくらいあったろうか。

飛行隊の救命装備品を扱う部署があり、そこに間借りをするような形を取っている。ヘルメットもそこで着ける。

移動は車で行った。皆が一度に乗れるバスだ。

遠渡は、こう言った。

「誰かが調整をしてくれて。たしか河野だと思うんですが……」

でも、手配をしたのは永岡だ。前にも触れたが、こういう勘違いは少なくない。実のところ、何度もあった。

そのたびに私は、

「永岡さんがされたようですよ」

と言い、

勘違いしていた人は、

「ああ、そうだったかもしれません」

と笑うのだった。

さて、リハーサルのスモークは、通常の白を使用する。

スモークチェックは滑走路で行われるが、松島基地と入間基地とでは様子が異なる。滑走路の長さが違うからだ。

松島（滑走路二七〇一メートル、幅四六メートル）では、六機が一度に滑走路に入る。一番機から四番機が横列し、その後方約二〇〇メートルに五番機、六番機がいる。入間（滑走路二〇〇〇メートル、幅四五メートル）では一、二、三、四番機が先に滑走路に入り、スモークチェックを行ったのち、順次離陸する。それから誘導路に待機していた五、六番機が入り、スモークチェックをし、前の機を追いかけるという形をとる。

遠渡が言う。

「入間には戦闘機がいません。輸送機にはそこまでクリティカルではないのですが、戦闘機にとっては、比較的短い滑走路になるかと思います。

そこで一、二、三、四番機が前に行ってしまうと、何かトラブルがあったときに大きな負荷がかかってしまう。

残りの滑走路が短いですから、六機を並べたくても並べられないんですよ」

たとえばエンジントラブルが起きると、機体は推力を失う。パイロットは加速している機体を止めなければならない。

むろん、この作業は容易ではない。「残りの滑走路」はある意味、パイロットの命綱でもあった。

二一日は、六機のあとにカメラシップが続いた。空中で五番機を編隊長として塊を作り、前を行く一番機からの塊に空中集合する。集合時は基本、デルタ隊形である。

江口と久保が乗るカメラシップも、T‐4ブルーの機体だ。

江口が言う。

「私は本番は乗っていないんです。ブラボー編隊でしたから、シンボルマークも描かなかった。

でも、あのオリンピックは人生の中でもトップクラスの思い出になりました。

リハーサルで東京上空を飛んで、それまで地上からしか見たことがなかったものを上から見ました。

国立競技場が見えたときは、ものすごく感動しました。スカイツリーのつむじが見えたときも感動しました。『お前、てっぺん白色だったんか』って思って」

高速で飛行しているブルーインパルスは、あっという間に空を駆ける。スカイツリーの

「つむじ」は、どれくらい見ていられたのだろう。

「あ――、ぐらいです」と言い、江口は笑った。一〇秒はない、五秒ほどか。

「近づいていく過程でも見えるので、『あ――』ぐらいですね、やっぱり。

スカイツリーは、インパクトが大きかったと記憶しています」

カメラシップは、六番機に続いて離陸した。上がってからは、編隊の約三〇〇メートル上空に位置を取る。

「我々は余裕のある位置で飛んでいました。編隊と同じ塊で飛んでいて、その中で一機だけ、ちょっと離れたところにいるという感じです。

具体的に『ここを飛ぶ』って決まりはないので、自分の距離感とあとはカメラの収まり具合と言いますか……。

後席の久保に『右です。左です』とか、『もう少し上でお願いします』とか『ちょっと下がってください』とか言われつつ飛んでいました」

撮影は、シンボルマークだけが対象ではない。六機が塊で飛んでいる段階から、シャッターは切られていた。

実際に撮影をした久保に訊く。いつもこうした任務に就いているのですか？　撮影は得意なのですか？

久保が笑いながら、答える。

「いえいえ、ぜんぜん。撮影は、どちらかというと苦手です。パイロットを振り分けていった結果、私が担当することになったというだけで。

撮影依頼は、航空幕僚監部広報室から受けました。

なので、『都心をこういうふうに飛んでいますよ』という写真、広報として活用できるものが撮れたらという思いで臨みました。

正確には覚えていませんが、連写で一〇〇枚以上は撮っていると思います。動画は、そんなに長くは撮らなかった。せいぜい二分くらいです」

動画の撮影は、シンボルマークを描いている場面に限って行われた。二分あれば十分だった。まったく問題ない。

問題があったとすれば、久保の「乗り物酔い」だろうか。普段、久保は乗り物酔いをしない。カメラシップの速度（時速五〇〇から六〇〇キロ）なら、むしろ快適に飛ぶ。

だが、この日は、だんだん気持ちが悪くなった。

「ずっとカメラをのぞいていると、やっぱり酔いますね。画角を考えながら、いろいろとやっていたんですが、機体は三次元で動くので気持ちが悪くなってしまって。要するに、撮影に慣れていないんです。酔ったこととは関係ありませんが、もうちょっとよい画角で撮れればなと、あとで思いました。編隊の進路を予測して、『こうなりそうなのでこっちに行ってほしい』と先に言えていればよかったです」

だいぶ前の話だが、高速道路を走行中にインタビューを行ったことがある。取材対象者が多忙で、時間が取れなかったためだ。

細かな文字の資料を確認しつつ、揺れる車中でメモを取っていたら、ひどい車酔いになった。

次元は著しく違うが、敢えて久保に訊ねる。こういう経験しかないのですが？

「はい、そんな感じです。走行中の車で本を読む、ゲームをすると酔いますよね？　ほんとうに、あれと同じ感覚です」

それでも、彼はきちんと任務を果たした。撮影された写真は、航空幕僚監部広報室に渡された。貸与されていた機材も、広報室に返却された。

訊ねたが、写真を「見た」という隊員はいなかった。どんなふうに使用されたのかも把握されていなかった。もともとがそういう性質のものだったのだろう。

江口と久保は、六機に寄り添って飛んだ。東京は大都会で、高層ビルが林立している。東京タワー、東京ドーム、皇居も見えた。何度か「すごいな」と言い合った。

下から見られている感覚はなかった。その分、通常の展示より楽な気がした。もちろん、リハーサルだったからかもしれないが。

国立競技場上空まで飛び、アルファはシンボルマークを描き始める。白いスモークがとても綺麗だ。ふたりは、それを約三〇〇メートル上から見ている。

江口が言う。

「真上から見られたのは、我々だけ。スモークを出しているので、比較的見やすかったと思います」

江口の目に、ブルーインパルスは小石くらいの大きさに見えた。

久保が言う。

「どちらかというと、スモークの軌跡を追いかけて見ているという感じでした」

久保の目には、一機が二センチくらいの大きさに見えた。

いちばん近い機体がそれくらいで、端に行くほど小さくなる。でも、描かれているシンボルマークの素晴らしさは、よくわかった。華麗な飛行を、アルファはしている。

江口は言う。

「皆、上手いなあって思いました。隊形をしっかり保ちながら飛び、旋回するときは一糸乱れず回る。ほんとうに上手かった」

久保が言う。

「完璧でした。青空に白いスモークが映えていた。すごく誇らしく思いました」

このリハーサルを経て、アルファとブラボーは本番の日を迎える。彼らの多くは、少年の頃から夢に見ていた。パイロットになる夢だ。

私は思う。オリンピックは、その夢の結実なのだ。

彼らはこれから、大きな任務に就く。達成感のある仕事をする。そして、それは世界中に配信され、長く記憶される。こういうのを「結実」というのだ。たぶん。

五章　本番当日、朝

七月二三日は、ずいぶん暑い日になった。

入間基地の空は透き通って、高く青い。ただし、浮かぶ雲は大きく、広い。

自衛隊の基地では、朝六時にラッパが鳴る。それは目覚ましの役目を果たし、六時までにパイロットたちは起きていた（皆がそう答えた）。

アルファ四番機、永岡皇太は起床後すぐに思った。

「来た、今日だ」

それから空を見た。

「とりあえず天気はいい。ちょっと雲が気になるな。でも、今日、やってやるんだ」

胸に少し、どきどきするような感覚があった。自分を小学生みたいだと思った。周りは静かだ。淡々としている。永岡だけが、ひとり「すげぇ興奮していた」。

前夜は、わくわくして眠れなかった。どうやって、朝を迎えたのだろう。ちょっとは寝たはずだ。夢は見なかった。見たかもしれないが忘れてしまった。まったく覚えていない。

朝食はいつものように、パンと牛乳が配られた。皆は食べていたが、永岡は喉を通らなかった。興奮すると、何も食べられなくなる。この日は、気持ちが上がりすぎていた。代わりに水分を多く摂った。

「なんだか口が渇いて、飲み物ばっか飲んでました。あとはゼリーとか。で、その分、何回もトイレに行きました」

アルファ六番機、眞鍋成孝は起床してから、

「普段通りにやろう」

と考えた。

「私は緊張するタイプなんです。なので、思考を変えて、前々日あたりから、自分で自分にプレッシャーをかけました。

こんなにプレッシャーのかかるフライトは今後一生ない。だったら、かけられるだけか

けてやろうと。そしたら、一皮むけるんじゃないかって……」

だからだろうか、当日はそんなに緊張しなかった。

朝食もいつもと同じリズムで食べた。菓子パンを二個だ。ブラボー六番機、佐藤貴宏と、アルファ三番機（後席）槇野亮と一緒だった。

余談だが、眞鍋にとって、元ブルーインパルス六番機、槇野は憧れの対象だった。

「槇野さんの存在があって、私は六番機のパイロットになりたいと思いました。念願の六番機に乗れて、こうしてまた出会えて、奇跡のようです」

繋がっているのだ。人の思惑を超えた「偶然」でたしかに。

実際、二〇二一年の七月二三日はブルーインパルスにとって、まったく幸運な日であった。

もし、オリンピックが予定通りに開催されていたら。任務は遂行できていなかったかもしれない。

二〇二〇年七月二三日の午前中、東京は土砂降りだった。開会式は二四日に予定されていたが、この日も弱い雨模様だった。

「とりあえず天気はいい」のは、ほんとうは超凡な幸いだったし、「普段通り」もとても運のよいことだった。

アルファ三番機、鬼塚崇玄の本番当日の朝はこんなふうだった。

「私が泊まっていたのは、所沢のウィークリーマンションです。そこで、ずっと自炊をしていました。

二三日は米を炊き、味噌汁と鯖の缶詰で朝食にしました。それから電車で入間基地に向かいました。

たしか八時一五分の集合だったと思います。シンボルマークを描くのは午後でしたから、比較的ゆっくりでしたね」

心情を訊ねると、やはり「淡々としていた」と話す。

「しっかりと練習を重ねてきたので、不安はありませんでした。その成果を発揮するだけだと思っていました」

では、アルファ一番機、遠渡祐樹はどうだったのか。

遠渡は話す。

「前日は何の心配もなく、ぐっすり眠りました。もちろん、心配のない領域にいくまでは努力を重ねます。

それで『よし』となったら、私はもう何も心配しません。

天気のこととかを考え始めたら切りがありませんし、自分じゃどうしようもないことは悩まない。

当日は朝五時くらいに起きて、ホテル周辺を走って、汗を流した後、電車で入間基地に向かいました。

朝食は稲荷山公園のコンビニで、納豆のり巻きを買って食べました。気持ちは、ほとんど普段と変わらなかったですね」

周囲のこうした「淡々」について、永岡はどうも納得がいかない。絶対におかしいと言う。

「え、じゃあ私だけですか、興奮していたのは？」

と笑い、続ける。

「皆、嘘ついているんじゃないですかね？　だって、国家の大イベントですよ。なんで興奮しないのかわからない。

東京開催のオリンピックに飛べるって、最高じゃないですか。

自分は、めちゃくちゃ盛り上がっていました。『やったあ、やっとこの日が来た。俺、飛ぶよ。飛んじゃうよ、有名になっちゃうよ』みたいな感じで」

事実、永岡はそのままの気分で出陣式に臨んでいる。

「はい。自分を抑えられなかったので、いつもと同じようにやりました」

簡単に、「いつもと同じ」の説明をしておく。

ブルーインパルスでは、「誰かが誰かに、何かを振る」のは日常だ。振られるキャラクター、振られないキャラクターがあるのだが、永岡は「振られる」ほうの代表格だった。

もっと言えば、自ら手を上げて、積極的に振られにいく。その際、どんなに滑ってもまったく意に介さない。

誰も笑わず、場の空気が凍るような瞬間でさえ、「心地いい」と話す。

「人が自分を見てくれているのが、ものすごく嬉しいんです。私、変わっているんですかね？」

一方、振られないキャラクターの面々は、永岡がどんなに面白くても笑わない。我慢する。そういう不文律がある。

遠渡は言う。

「永岡が出陣式でいろいろやっても、我々はスルーします。笑いません。それがノーマルです。

一連の流れをクルーは楽しみにしてくれています。すごく笑ってくれます。拍手をくれます。そして、我々の士気も上がります。

とんでもなく『滑る』のは、永岡もよくわかっていると思いますが、皆の愛情の裏返しなんです」

ともあれ、「淡々」と「興奮」の入り交じった出陣式は始まる。

いくつかのパフォーマンスを除けば、場はやはり淡々としていた。気圧《けお》されている者は、ひとりもいなかった。静かな熱さが感じられた。あるいは、強さと言うべきか。

また、そうでなければ話にならない。彼らは精鋭、ブルーインパルスのパイロットなのだ。

六章　出陣式

強い日差しの中、駐機場にT‐4が一二機並んでいる。

準備は万全だった。オリンピックシンボルマークを描くカラースモークは、この日の朝、タンクに補給されている。

補給に要した時間は、一機あたり一五分ほどだ。五色のカラースモークを作ったのも、補給をしたのもクルーである。

機体は光るように磨かれている。ぴかぴかだ。これは、各機パイロットと担当クルーの仕事だ。

使われたのは、機体を傷つけないよう配慮された分厚くて丈夫な紙である。使い捨てのキッチンペーパーのようなイメージだが、もっとごわごわしている。

クルーがしっかり管理しているので、T‐4はあまり汚れていない。それでも、本番前はさらに綺麗にする。磨く時間は、だいたい三〇分くらいだろうか。

離陸後、すぐに収納されて見えなくなるタイヤも丁寧に磨かれるし、下からの見栄えを考慮して、機体の腹の部分も念入りに磨かれる。

遠渡が言う。

「本番前に機体を磨くのは、ブルーの習わしのようなものです。誰が、どの飛行機を磨かなければならないという決まりはありません。ただ、まずは自分の番機を磨き、余力があれば、ほかの番機を手伝うといった形が多いです」

出陣式はT‐4の近くで、円陣を組んで行われた。

円陣にはパイロットとクルー、松島基地の関係者が加わっている。整備班長の長倉啓泰《ながくらひろやす》空曹長（一九七八年生まれ）がいた。群司令藤崎能史《ふじさきよしふみ》一等空佐（一九七〇年生まれ）もいた。

駐機場は陽を遮るものが何もない。見渡す限りの青空だ。

だから、足元はかなりの熱を持っている。大げさではなく、火傷をするような熱さだ。激しい照り返しもあって、体感温度は「五〇度に近かったのではないか」と隊員らは話す。

ブラボー三番機、久保佑介の靴底は溶けている。ただ、その場に立っていただけで、である。

久保が言う。

「我々が履いている靴（黒のブーツ）は、熱に強い素材で作られています。靴底はゴムですが、これも耐熱仕様です。なのに本番の日は溶けて、若干べたべたしました。

飛行機に乗り込むときに、靴底の黒い部分が少し付いていました。飛行にはまったく支障のない程度でしたが」

ヘルメットが溶けたパイロットもいる。アルファ一番機（後席）、名久井朋之がそうだ。

名久井が言う。

「ヘルメットは、耳を覆っている部分が黒いゴムになっています。そこが溶けました。写真を皆で撮るってことになり、地面に置いたときです。

写真は『はい、撮ります、はい、もう一枚』みたいな感じで、二、三枚しか撮らなかった。時間にしたら、一五秒から三〇秒くらいだったと思います。

その後、おもむろにヘルメットを持ち上げたら『あれ？』って。溶けていました」

むろん、飛行に影響はなかった。名久井はそのヘルメットで本番を飛んだし、現在も同じヘルメットを使用している。

「でも、ほんとうに暑かったですよ。あの日は。

整備作業を近くで見ていたんですが、クルーはマスクができない。マスクをしたらすぐ熱中症になってしまう。そのくらいの暑さでした」

私はちょっと考える。苛烈な環境下、誰も熱中症にならないのは、何を褒めればいいのだろう。

むろん、彼らは褒められようとは、まるっきり思っていない。でも、話を聞いているほうは感心する。すごいと思う。

出陣式は、「ホラ貝」で口火を切った。

吹いたのはブラボー一番機（後席）、手島孝で、指示を出したのは永岡である。

手島が言う。

「二〇日あたりに話がありました。正式に『ほんとうにやるんだぞ』となったのは、本番前日だったと思います」

これについては、当事者だけでなく、皆に訊ねた。吹くのは伝統ですか？　代々伝わるホラ貝があるのですか？

ブラボー二番機、東島公佑が答える。しつこいようだが、笑いながらだ。

「伝統ではありませんし、代々伝わるホラ貝もありません。

永岡がブルーに着任した当初、先輩に『出陣式ではホラ貝を吹く』と言われたのに始まっています。

それを真に受けて実施したら、とんでもない空気になったそうです。で、今度は永岡が手島に『新人はホラ貝をやるんだ』と吹き込んだ。

とんでもない空気になるのを期待してたんだと思いますが、思いの外受けてましたよ、手島のホラ貝」

命を受けた手島は、真剣に取り組んだ。まずネットで、ホラ貝の吹き方を学んだ。音程や調子などを含めてだ。

手島が笑いながら、言う。

「エアホラ貝です。『おおーおー』って歌いました。

今思うと自分、相当やばい人になっていました。夜な夜な隠れて練習してましたから。トイレとか階段とかで『おおーおー』って……、恥ずかしかったです。

だけど、中途半端にやると絶対滑るじゃないですか。それでは嫌だし、だめだと思ってました。

（オリンピックでは）目立った出番がなかったので、出陣式で思いっきりやって、皆を盛り上げようと思いました。

そして、ホラ貝だけは師匠を超えてやろうって。ピンチだけどチャンスみたいな感じでしたね」

このとき、手島はホラ貝を作っている。ただし、本番前夜の決定であり、用意はまったくない。結果、材料はすべて「ゴミ箱から調達した」。

「茶色い紙袋とペットボトルです。まず紙袋をくしゃくしゃにして、形をなるべく似せました。

ペットボトル（六〇〇ミリリットル）は、上三分の一を残して切り、口の部分はホラ貝の吹くところにした。

あとはガムテープで留めて出来上がりです。皆にばれないように、踊り場でこそこそと作りました」

手島は、写真を見せてくれた。すごく上手に出来ている。とくに吹いている様子は、ちゃんとホラ貝に見える。そっくりだ。

出陣式には、揃いの青いバッグに隠して持ち込んだ。ペットボトルを切ったことで、ホラ貝は小さくたためるようになっていた。

出陣式の進行は、遠渡が務めた。様子は普段と何ら変わらない。

「隊長は大舞台になればなるほど、冷静になるんです」

ほとんどの隊員が、そう言った。

永岡は嬉しくて、にやにやしていた。ぜんぜん落ち着きがなかった。遠渡から、目を離さなかった。いつもの流れであれば、必ず自分に振ってくれる。それを期待し、待っていた。

永岡が言う。

「目で、ずっと訴えてました。『早く振ってくださいオーラ』出しまくりです。最初に手島の予定だったんですが、あいつ緊張しすぎて、前に出られなかったんですよ。危うく流れそうになったので、『お前、ちゃんとやれ』と言いました」

永岡の指名を得て、手島は円陣の中心に立つ。隠していた手製のホラ貝を取り出す。渾身の思いで吹く。つまり、あらん限りの声で叫ぶ。

「おおーおー」

皆はまず呆気《あっけ》にとられた。それから大きく崩れるように、笑った。密《ひそ》やかな企《たくら》みは成功したのだ。

手島が言う。

「めちゃめちゃ緊張しました。ものすごくどきどきした。私にとっては、あれが小さな大舞台でした。

若干『こいつ、何やってんの？』みたいな感じはありましたが、笑ってもらえてよかった。晴れ晴れとした気分になりました。

皆の緊張をほぐすことができたのかなって思います。ひとつ任務を終えたような気持ちはありました」

永岡と手島は、ラストにふたたび登場する。そのときは、爆笑をさらった。ホラ貝とは違い、計画されていたものではなかったが。

だいぶユニークな口火のあと、遠渡がこんな訓示をした。

「これから東京の空を飛びますが、いつも通り、淡々と飛びたいと思います。世間から注目されていますが、それはあとで感じればいいだけです。まずは淡々と練習通りに飛びましょう。

運良く成功に終わったら、ここにいる皆が歴史に残るメンバーになります。そのときは、皆で勝利を味わいたいと思います」

どんなときも「いつも通り」で「淡々」が、ブルーインパルスのノーマルだ。むろん、彼らだって、ちょっとは緊張する。でも、臆することはない。

取材をしていると、彼らが精鋭である理由がよくわかった。

彼らには、受容力がある。内面から放たれる強さがある。それが、ある種の奔放さに繋がり、自由な雰囲気を生んでいる。

大事の控える出陣式で、「エアホラ貝」が許されるのだ。やる方も見る方も、楽しくなって笑うのだ。なかなかない話だと思う。

人は表面的な姿勢を保つことが出来る。緊張する場面では、構えてそうあろうとする。だけど、烈しい緊張の中、笑うのはたいへん難しい。困難だ。

ブルーインパルスの面々は、それができる。彼らは、大いに笑う。心から笑うことができる。

遠渡の次は長倉が話をした。

「(オリンピックが延期になり) 一生懸命準備をしていたけれど、ここに携われなかったメンバーもいます。そういう人たちの思いを背負って飛びましょう」

自然に拍手が起きて、全体に広がった。

「ブルーインパルス、ファイト、オー」

皆で声を揃えたあとも、拍手は続いた。まるでカーテンコールのように、だ。実はブルーインパルスには、拍手に乗って行う動き、「ちゃんちゃちゃちゃちゃん（決して、伝統ではない）」がある。これを主に担うのが永岡と手島である。

手島が言う。

「拍手が鳴り止まなかったので、自分の出番かなって……。意を決して『ちゃんちゃちゃちゃちゃん』をやりました」

それがまた受けて、拍手はさらに大きくなった。

奮起したのが永岡である。はじめから、やる気満々だったのだ。いつまでも後輩に花を持たせてはいられない。

永岡は言う。

「皆を朗らかにするのが私の役目です。『ここは絶対に俺だ。俺しかない』と思って行きました」

しかし、渾身の「ちゃんちゃちゃちゃちゃん」は受けなかった。これ以上ないくらい滑った。しらけた空気になった。

「何をやったかは覚えていませんが、続けていくつかやりました」

むろん、誰も笑わない。ほんとうは可笑《おか》しいのだが我慢をしている。繰り返すが、それがノーマルなのだ。

為すことすべてを否定され、永岡は被っていた帽子を地面に叩きつける。

帽子には、サングラスが乗っていた。この日のためにパイロット全員で揃えた、新しいサングラス（私費で購入）だ。

「帽子と一緒に、新品のサングラスが飛んで行きました。

慌てて『わあー』って追いかけたのが、ものすごく受けました。もう大爆笑です。最高の気分でした。『やったあ、受けた』と思いました」

サングラスが飛んだのは、意図的ではなかった。だから、永岡が「披露した」とは言えないだろう。

だけど、ラストの大笑いは皆の心をほぐし、ひとつにした。士気を一気に高めた。それを思えば、サングラスに付いた傷も役に立ったというものだ。

東島が笑いながら、言う。

「あれは、『おお、やりおったな』って感じでした。最後は永岡が全部、持って行きました」

彼らはそれから救命装備室に移動した。ハーネスやGスーツを身につけ、空を飛ぶ準備をした。

七章　オリンピック

一二機のT-4は、入間基地を一二時二〇分頃に離陸した。アルファ編隊、ブラボー編隊の順である。

このとき、ほとんどのパイロットが天候について考えていた。ほかはすっかり準備が整っていて、考える必要がなかったからだ。

遠渡祐樹は上がってすぐに、後席の名久井朋之に声を掛けている。

「これ、行けるね」

国土交通省と調整をした高度帯、いわゆるブルールートは上限高度が五〇〇〇フィート、下限高度が二五〇〇フィートである。

そこが雲にふさがれていれば、Ｔ‐４は進めない。だが、二三日はそうではなかった。所沢の上空あたりだったろうか。二、三〇キロ先に都庁が見える。

名久井はそのとき、

「はい。意外といいんじゃないですか。都庁も見えますし」

と答えている。

一二機すべてが離陸したとき、鬼塚崇玄は「よしっ」と思った。後席に座る槇野亮と、こんなやりとりをした。

「トラブルなく、全機上がれましたね」

「あとは、いつも通りにやるだけだな」

これも余談になるが、槇野は鬼塚の千歳基地時代の上司だった。

オリンピックで一緒に飛ぶことになるとは、彼らはもちろん想像していなかった。ここでも縁は繋がっている。奇跡は、ひとつではなかった。

永岡皇太は、コックピットの中でずっと話し続けていた。四番機の後席には誰もいない。

つまり、完全な独り言である。

誘導路では、

「いよいよだ、いよいよ飛ぶよ。早く描きたい。描きたい」

上空では、

「お、スカイツリーがめっちゃ見える」

「もうちょいになったよ。テレビには映っているのかな。皆、見てくれてるかな」

といったふうに、だ。

平川通が最後まで気にしたのも、天気だった。

「天気が悪くても、今までの努力が無駄になるわけじゃない。展示飛行ができるか、できないか。もうここからは、お天道さま次第だ」

ところで、T-4は離陸後五分弱で空調が効き始める。それでも、ヘルメットを被り、バイザーやマスクで顔を覆われるパイロットは汗をかいた。

とくに口周りは汗ばむので、時折ハンカチを使う。ハンカチは青い小さなバッグに入っている。出陣式の際、手島がホラ貝を入れていたバッグだ。

通常は、飛行場情報が記載されているフリップ、緊急手順について書かれている本、出陣式のときに着けていたサングラスなどが入っている。

遠渡と名久井は、交代で二度ほどハンカチを使った。

「ちょっとマスクを外します」

そう断ってから、口元とマスクを拭く。時間はほとんどかからない。それでまた、快適にフライトを続けることができた。

高揚を話すパイロットはいたが、緊張を口にする者はいない。皆が淡々と、東京の空を飛んでいた。

彼らはもうすぐ「歴史に残るメンバー」になる。「皆で勝利を味わう」瞬間に向かって飛んでいる。

防衛省航空幕僚監部が発表した、「ブルーインパルスによる展示飛行について（第2報）」によれば、本番のルート「予定飛行経路（基準）」は図の通りである。

「場所（内容）」として、

（1）東京都内上空（航過飛行）

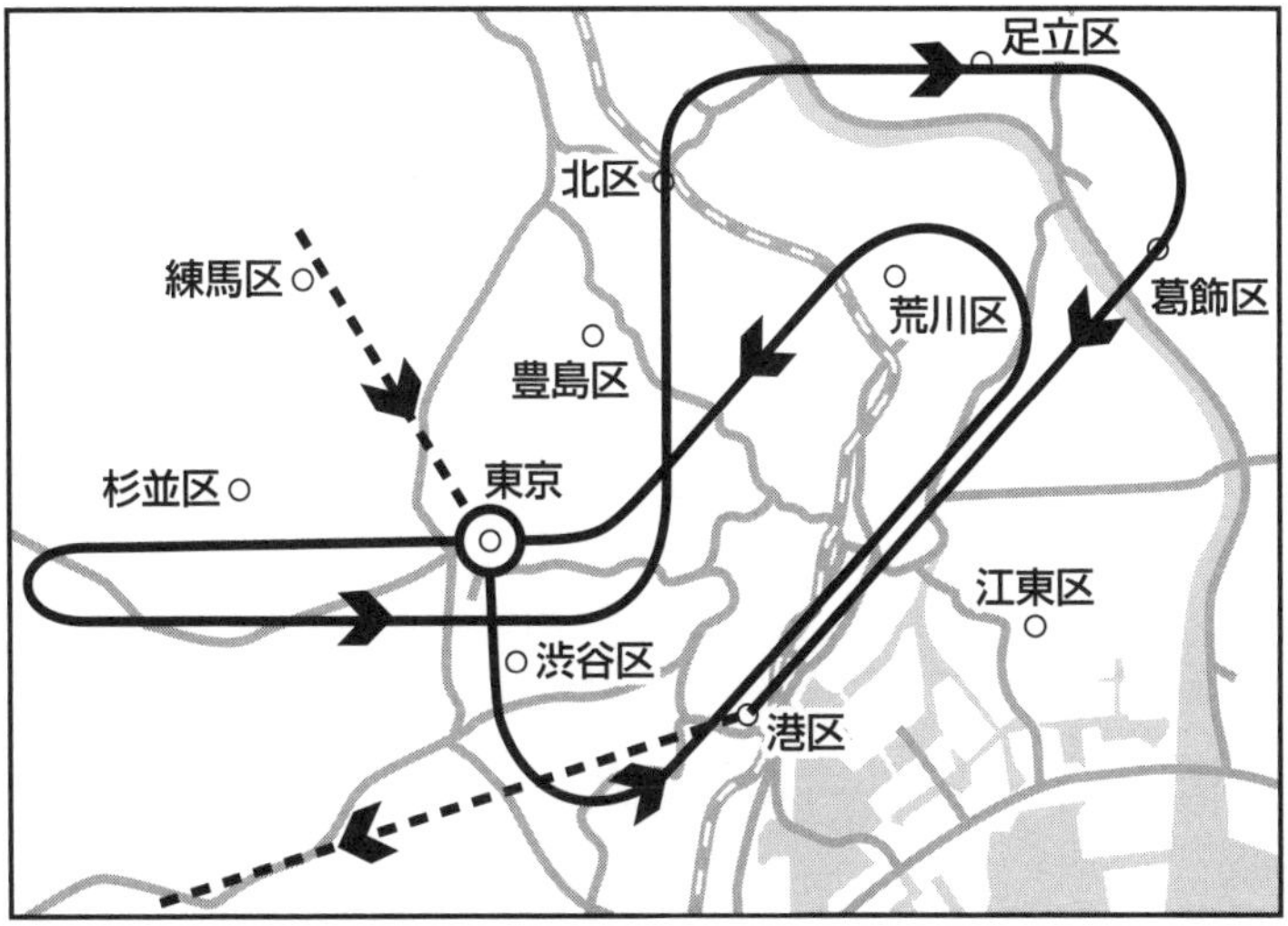

航空幕僚監部提供報道資料「予定飛行経路（基準）」

（2）国立競技場上空（オリンピック・シンボル）
と書かれている。

なお、このルートはアルファのみが飛行している。隊形はデルタだ。

図の解説を遠渡に依頼した。次の通りである。

練馬から入って新宿に向かい、反時計回りで、東京タワーを左に見ながら北上する。北千住で折り返して、飯田橋、市ヶ谷上空を飛び、中野、杉並方面に向かう。

ふたたび折り返して、国立競技場上空でオリンピックシンボルマークを描く。それから池袋を過ぎて北区の方に抜け、北千住に向かい、もう一度東京駅上空を通過して、目黒区方面に抜ける。

アルファは都内上空を二周しているが、一周目は左回りで、二週目（シンボルマークを描いた後）は右回りである。

また、東京タワー、スカイツリー、新宿御苑、東京駅といった要所ではスモークを出している。行きも帰りもそうした。

遠渡は言う。

「オリンピックの本番で言えば、一番機以外のパイロットが難しかったと思います。一番機は、ある程度のイメージトレーニングが出来ます。そして、だいたいその通りに運ぶことが多い。

シンボルマークを描く番機は、経験を積まないとできません。コンディションによっても、目視の状況、距離感が変わりますから、ほんとうに大変だと思います。

ただ、一度しか飛んでいない場所を飛ぶという観点では、一番機の技量に依《よ》るところが大きいです。

一番機がしっかり飛べば、他機はきちんとついてきます」

一二機のT‐4は順調に飛行を続けた。スモークチェック（確認のために短く少量を出す）もしたし、互いを目視し、速度を共有した。

都庁の屋上に設けられた待機所から、予定到着時刻（TOT）の変更の無線連絡が入ったが、これは特別なことではない。むしろ、ごくありふれた連絡に過ぎない。

都庁屋上で指示を出していたのは、原正宏《はらまさひろ》三等空佐（一九七一年生まれ）だ。名刺は、航空自衛隊松島基地第四航空団、司令部監理部渉外室、渉外室長兼広報班長となっている。

次章に綴る無線の件で、「ブルーコントロール」として対空無線を担当しているのが、原である。

名久井が言う。

「原三佐は、都庁の屋上でブルーを見ながら指示を出していました。

都庁前広場にいる（防衛省航空幕僚監部広報室広報班、三等空佐の）園田健二と電話でやり取りし、我々に『一分遅らせてくれ』と伝えてきました。無線は、全機すべてに聞こえます。

あのときはたしか、下で行われていた式典が押していたんじゃなかったかな。指示が来るかもとは思っていました」

遠渡が言う。

「時間調整というのは、ぜんぜん普通。港や競技場等を飛ぶときには、当たり前のようにあります。流れ的には、『一分遅く来て』『あ、了解』で終わりです。調整には、速度で調整する方法と距離を余計に飛んで調整する方法があります。速度を減じるやり方は元に戻すタイミングが難しいケースがあるので、このときは一分だけ距離を余分に飛んでから、オリジナルのルートに戻るという方法を取りました」

そういうわけで、トラブルは何も起きなかった。

もっとも、よほど大きなエマージェンシーがない限り、戦闘機を経験しているパイロットは「大丈夫」だ。問題ない。

たとえば、「速度計が固定してしまって動きません」と誰かが言ったとしても、他機に合わせて飛べばいい。

「高度計がアウトです」でも、同じだ。複数機でフォーメーションを組んでいればまったく問題ない。着陸時もしかり。それが戦闘機パイロットのコモンセンスなのである。

問題がなければ、必然的にアルファとブラボーは別れる。あらかじめ決められていたポイントで、だ。

彼らがホールドしていたのは、所沢インターチェンジから大泉インターチェンジにかけてである。

埼玉県の朝霞《あさか》市や新座《にいざ》市あたり、あるいは陸上自衛隊朝霞駐屯地あたり、さらに言えば、ＪＲ武蔵野線北朝霞駅周辺上空でもある。

入間を離陸して一五分ほどが経っていた。

無線を通して、遠渡は言った。

「ブラボーの皆さま、フォローありがとうございました。アルファ、行ってきます」

平川が応える。

「はい、お願いします」

「じゃあ、やりますね、ワン、スモーク」

アルファは、五色のスモークを出しながら離れていく。すぐに小さくなった。

平川は流れるスモークを見て、泣いた。涙がこぼれた。

「あの光景は、今も忘れられません。目に焼き付いています。あれを見られたのは、我々だけです。純粋に感動しました。皆で精いっぱい準備をしてきて、かつまた天候に恵まれて、予定通りに飛ぶことができた。

私は、絶対にアルファに行ってほしかったんですよ。

もちろん、ブラボーが行っても、同じようにできたと思います。ちゃんと同じ能力を持っていました。でも、行くべきはやっぱりアルファだった。

現役のORは、いちばん訓練を重ねています。それにこういう大イベントでは、隊長に目立ってほしいじゃないですか。

ブルーの看板を背負った人ですし、責任もそれだけ大きかった。飛行隊長という立場ですから」

アルファとブラボーは、ワンチームである。それでも、深い信頼とリスペクトを双方が持っていた。

だからだと思う。アルファが離れて行ったとき、ブラボーのパイロットたちは胸を熱くした。誇りを感じた。

「涙が出ました」

と言ったのもひとりではない。

そういう思いを背負って、アルファは出立していったのである。

八章　完璧な輪

六機はデルタ隊形を取っている。

先頭を行く一番機に対し、正確なポジションを保ちついていく。

航過飛行は単純に見えるが、一糸乱れず飛ぶのはたいへん難しい。高い技術が要る。技術を支える、彼らの平常心もまた素晴らしいと思う。

遠渡が言う。

「飛行に際してはグーグルマップを使って、イメージトレーニングをしていました。マップをスクリーンショットに撮って、それを頭に焼きつける。暗記をするような感じですね。

本番では、それに合う『絵』を探しながら飛んでいました」

「絵」をGPS機材で確認していたのが、後席に座る名久井である。

名久井が言う。

「後席はナビゲーションといって、GPSを使い、実際に飛んでいる飛行経路を確認する作業をします」

GPSは、もとからT-4に付属しているものではなかった。第十一飛行隊にあったのを、名久井が手持ちで持ち込んだ。

「GPSの表示を確認し、隊長に随時伝えていました。『このままで間違いありません』とか、『高度をもう少し低くしてください』とか『今の速度で行くとオンタイムです』といったふうにです。後席だったからか、私はとくに緊張はしませんでした」

一番機は確信を持って飛んでいる。

新宿上空、三鷹方面、それからスカイツリーの方向、進むべき経路はすべて確保されていた。

遠渡に気持ちの高ぶりはなかった。

「あまり深くは考えないようにしていました。ただただ『この経路を飛べと言われているから飛ぶ』みたいな感じで。

考えていたのは、万が一のときは飛行を止《や》める、です。ブルーのパイロットは皆、『止める勇気』を持っています。

我々は失敗が出来ません。一度でも危険を冒したら、それで終わりです。

だから、あとでどんなに責められることになったとしても、絶対に無理はしない。万が一が起きたら『止める』。

それは、隊長である私の役目、責任だと思っています」

二番機以降のパイロットは、信頼と自信を持って飛んでいる。安全をいちばんに心がけたと異口同音に話す。

眞鍋成孝が言う。

「飛行中は、安全にやることだけを考えていました。いちばんやってはいけないのって、不安全事故じゃないですか。

東京上空で、世界中に見られている中で、事故は絶対にできない。とてつもない被害を与えますし、そんなことになったら、たぶん飛行隊は存続できませんから」

眞鍋は「とてつもない被害」に自らを加えなかったが、事故に巻き込まれれば無事ではすまないだろう。ブルーインパルスの任務は、そういう任務だ。

遠渡に敢えて訊ねる。

本番で、アルファとブラボーともにアクシデントが起きたらどうしたのか？　同時に一機、たとえば「緑」が抜けざるを得なくなったとしたら？

遠渡が答える。

「アルファとブラボー双方が、五色で輪を描けなくなったケースですね。当然、それも考えてました。

その場合、輪は描かないと決めていました。隊形変換をして四色、あるいは三色で行こうと……。

シンボルマークは描けなくても、やれることをやろうと思っていました」

実は、アルファがホールドを離れた後もブラボーは待機を続けている。すぐには、入間基地に帰らなかった。

「はい、そうです。もし、五輪を描く直前にアルファの『緑』に何か起きたら、ブラボーの『緑』と交代させようと平川と相談していたので。

東京をあちこち飛んで、スモークを出して、最後の最後に描けないのは恥ずかしいじゃないですか。

なので、ブラボーは我々がシンボルマークを描き始めたのを確認し、入間に帰還したんです」

「止める勇気」と「描かない選択」、「諦めない計らい」。心構え満載で、ブルーインパルスは飛んでいたのである。

国立競技場の近くには、雲があった。

だけど、いい天気だ。気温は三二・一度で、南南東の風二・八メートルが吹いている。空を見上げるのにはちょっと暑いが、盛夏の昼だからこんなものだろう。

眞鍋が言う。

「南南東の風二・八メートルってだけで言うと、飛行条件はそんなに悪くない。ただし、上空はもっとと言うか、かなり風が吹いていていました。機体もけっこう揺れてました。

それから、やっぱり雲ですね。雲があって、予定していた高度よりも低い高度で飛ぶことになりました」

永岡が言う。

「国立競技場上空には、気になる雲がありました。何個もです。目視でずっと確認してたんですが、『ほんとうに、ちょうどいいところにあるな』みたいな感じで。

隊長は、どう判断するんだろうと考えてました。正直、自分では迷うところだったので指示に従って、ただただ頑張ろうって思いました。

あのときも今も、隊長の判断が最善だったと思っています」

繰り返しになるが、ブルーインパルスが飛んでいるのは、「ブルールート」だ。

スカイツリー（二〇八〇フィート。航空法の関係上、約一〇〇〇フィート上空を通る必要がある）を基準として、概ね三〇〇〇フィートで飛行する。

下限高度は二五〇〇フィート、上限高度は五〇〇〇フィートである。その幅で雲のないところを飛行する。つまり、上下を選んで飛行する。

遠渡は言う。

「要求された経路のすべてを確認して、最後に埼玉の方も大丈夫と考えました。その上で『じゃあ、行ける』って、突入していった感じです」

シンボルマークを描くほんの少し前、こんな無線のやりとりがあった。

原　ブルーコントロール　コピー、ＴＯＴ、経路共にＧＯＯＤでした
遠渡　オリンピックシンボル　ゴーポジション、四〇〇〇上がれないから三五〇〇
原　ブルーコントロール　三五〇〇了解

シンボルマークを描くときは、高度が高いほうが綺麗に見えるため、予定では「五〇〇〇フィートに上昇して実施」とされていた。

でも、それは叶わなかった。低い高度を選んでアルファは飛んでいる。そして、時は満ち、そのときが来た。

遠渡が言った。

「オリンピックシンボル　ブレイク、ナウ　三五〇〇」

一番機を除く五機は飛行を続けながら、空中で隊形を入れ替える。三番機の青、六番機の黄、五番機の黒、四番機の緑、二番機の赤の並びになる。いよいよだ。

遠渡が言う。

「ファイナル　ヘディング　〇九七」

住田「二　レディ」

鬼塚「三　レディ」

河野「五　レディ」

永岡「四　レディ」

眞鍋「六　レディ」

やり取りを補足しておく。

「ファイナル」は最終的、「ヘディング」は飛行機の頭を指す。「〇九七」は向かうべき方向、角度を示している。

「ファイナル　ヘディング」は風の状況、雲の状況等を見極めて、最後の最後に出る指示だ。

この日は、杉並方面から国立競技場に向かって飛行する。なお、住田らの「レディ」は、承知を示す応答である。

遠渡が言う。

「オリンピックシンボル　レッツゴー、スモーク」

会場上空で、五機が左旋回を始める。安全に配慮して、隣接する機体とは一〇〇フィートの高度差が確保されている。

眞鍋が言う。

「隊形を取るときって、一八〇度旋回することによって形を作っていくんですよ。広がっていく感じ。

あのときは、ビルとか建物が周辺視で入ってきて、いつもと同じように旋回しているはずなのに、感覚がぜんぜん違いました。

ただ、基準をしっかり持っていたので、三番機、四番機、五番機の見え方を確認しつつ、自信を持ってやりました」

鬼塚が言う。

「実際に広がったとき一番機、五番機を見て『間隔がちょっと狭いかも』と感じました。後席の槇野も『あ、俺もそう思う』って言っていて、ちょっと調整しました。それでどんぴしゃに合いました」

「スモーク」の指示を受け、各機のパイロットはトリガースイッチを引く。

鬼塚が言う。

「人差し指で押し込むように引きました。すぐに槇野の『スモーク、出てるよ』って声がした。ミラーで確認してくれていたんです。

あとは決められたことを、決められた通りにやる。高度、速度、Gの体感に集中して飛びました」

ここでは、全員に同じGが要求される。それで理論上、同じ半径の円が描ける。

五輪を描く際に使用するのは、環境に配慮されたスモークである。ために、発色が弱くて薄い。

だから、パイロットたちは少しでも色を残そうと奮励していた。具体的には、右エンジンの推力をマックスにし、左エンジンの推力を絞って飛んだ。これも高い技術を必要とする、難しい飛行である。重ねた練習の成果でもあった。

二〇二一年七月二三日、金曜日の午後。

ブルーインパルスが、東京の空を旋回している。スモークがスムーズに、正確に輪を描いていく。

ひとつの輪の大きさは約一二〇〇メートル。描くのにかかる時間は約三五秒。五色が重なる。彼らは完璧だった。

名久井が言う。

「各機が輪を描いているときは、一番機も旋回しています。でも、操縦をしていない私には、とても綺麗なオリンピックシンボルマークが見えました。

五色が五輪の形にびしっと決まっていて、文句の付けようがない完成度だったと思います」

上空からは、はっきりとシンボルマークが見えた。しかし、地上からはだいぶ見えにくかった。テレビ中継で見ていても、雲が邪魔をして、よくわからなかった。

永岡が言う。

「見えにくかったのは仕方がないです。皆、最初からわかっていたと思います。『雲で映えない』、『消えるな』って。

もちろん、できれば見えてほしかった。でも、スモークは人的被害を出さないように薄い色になっている。無理して色を濃くして、何か悪いことになるよりはよかった。

それに、あの雲はもうどうしようもないです。そういう中で最善のことが出来たので、自分は満足でした」

これだけのことをやり遂げたのだ。達成感は誰にもあったろう。「よしっ」という感情が、だ。

ただし、彼らには、何かに浸る間はなかった。喜んでもいない。胸も熱くはならなかった。

描き終えた瞬間、どんな思いがしましたか？　訊ねると、皆が同じように言った。

「何も。まだ終わっていませんから」

シンボルマークを描いた後、アルファは再集合する。空中での再集合にはリスクが伴う。たいへん危険だ。

だから、皆はこうも言った。

「次に全集中していました」

遠渡は言う。

「ほかのパイロットもそうだと思いますが、飛んでいるときは『今、起きたこと』に左右されたくないんです。

先には、まだやらなくちゃいけないことがたくさんある。厳密に守らなければならない経路とかが、です。

なので、私はまず『まだあるぞ、頑張れ』と思いました。『描き終わったものは、もうどうでもいい』みたいな感じでしたね。それより、今から行く経路が安全かどうかだけを見ていました。

報道ヘリがほんとうにいないのかとかも、最終的には、目視で確認しないといけないので」

むろん、アルファは再集合をきっちりと果たした。デルタ隊形に戻り、都内を航過飛行し続けた。帰路でも、要所ではスモークを出した。

都内を離れるとき、無線ではこんなやりとりがあった。

遠渡　ラジャ、ブルーインパルスアルファ、ご協力ありがとうございました

東京ＴＣＡ　はい、お疲れ様でした。お気をつけて

原　お疲れ様でした

このやり取りの後、無線は入間の周波数に移行する。入間基地を離陸して、約四〇分の飛行だった。そして、その四〇分は歴史になった。

いつか誰かが「東京オリンピック２０２０」を振りかえるとき、彼らは知る。「シンボルマークを描いたのはブルーインパルスだ」。オリンピックの歴史に、ブルーインパルス

は存在する。しっかりと刻まれている。

あの日、多くの人が空を見上げていた。テレビは各局、ずっと空を映していた。皆、ブルーインパルスが見たかったのだ。

ところで、入間へ帰還するコックピットの中で、永岡は大きな声で言った。

「やった、やった。あー、嬉しい。皆でやったぜ」

そう、たしかに彼らは「やった」。大勢の人を魅了し、幸せにした。

終章　帰還

午後の入間基地の空も、青く澄んで美しかった。雲は大きいまま浮かんでいたが、今は誰も気にしていない。

ブルーインパルスブラボーは、アルファがシンボルマークを描き始めたのを確認して、入間基地に帰ってきていた。

パイロットたちは、降りた飛行機の周りでアルファの到着を待っている。もうヘルメットは被っていなかった。Gスーツも脱いでいたが、それでもだいぶ暑かった。展示服は夏仕様にはなっていない。長袖だ。

ブラボー一番機、平川通が言う。

「灼熱でしたけど、我々は『暑い』なんて言っていられません。整備はもっと大変ですからね。

アルファについては、何の心配もしませんでした。任務を果たして帰ってくる。そのことがすごく誇らしかったです」

ブラボーの面々に、特別な高揚はなかった。OBが多く揃うチームは、展示飛行を数多く経験してきている。だから、どちらかと言えば、慣れていた。

先に着陸し「お疲れ」とか「無事に終わってよかったね」と、笑顔で短く声を掛け合ったら、とくにすることがなかった。

ブラボー三番機、久保佑介が言う。

「もちろん、達成感はありました。我々は我々で、与えられた任務をきちんと全うすることとができた。

シンボルマークを描かなかったというだけで、与えられた任務自体は達成できたと思っています。

シンボルマークを描きたかったかですか？　いいえ、思いません。私はそれ以前に航空祭とかで飛んできていますので、鬼塚が飛べて良かったと思います。

（現役のパイロットは）コロナの影響で、飛行の機会がことごとく失われていった。そんな中で、国家的行事で飛ぶことができた。それは、鬼塚の人生の財産になると思うんです」

久保は「弟子の鬼塚が活躍してくれて嬉しい」とも言ったが、同じような思いはほかにもあった。

たとえば、ブラボー四番機、村上綾は、アルファ一番機、遠渡祐樹にこう話している。

「シンボルマークを描きに行く六機を見ていて嬉しくなりました。弟子の永岡が乗っていると思ったら、ものすごく感動しました」

逆の立場でもそうだ。ブラボー二番機、東島公佑は言った。

「私の師匠、住田竜大（アルファ二番機）は、コロナ禍で飛行の機会がとても少なかった。だから、オリンピックは住田に飛んでほしいと思っていました。どうしてもです」

つまり、彼らは徹底したワンチームであった。もっとも基本的なこと、信頼と尊敬で結ばれている。それも、とても強くだ。

ブラボーがアルファを待っていた時間はそう長くはない。せいぜい一〇分くらいか。もしかしたら、一〇分かからなかったかもしれない。「あっという間だった」と語る者もいる。

東島が言う。

「飛行機に異常がないかを見ながら一周して、整備に『ありがとう』って言って、ちょっと話をしていたら、もう帰ってきました」

アルファ六機は順に着陸し、エンジンカットをする。パイロットが、機体から降りてくる。騒ぐ者はいない。皆、平静だ。ただ、笑みを浮かべている。

遠渡が言う。

「着陸してはじめて『ああ、終わったな。よかった』と思いました。ブラボーも降りてい

ました し、我々も降りて、一二機全機が無事でした。

誰かが『グッドミッション』って声を掛けてくれたんですが、『グッドミッション』って挨拶みたいなものなんですよ。実際によかったかどうかは、自分で決めるので「グッドミッション」か否かを確認したのは、夕刻になってからだった。

皆で映像を見た。遠渡は「よく出来ていた」と思った。輪が消えてしまったのは残念だったが、他のメンバーも「とてもよかった」と話していた。

久保が言う。

「アルファが降りてきたときは、ほんとうに感動しました。仲間が任務を達成して無事に帰ってきた。感動の一言です」

久保はすぐにブルーインパルスを離れ、母基地で戦闘機に乗る。だから、これが鬼塚との最後の展示飛行だった。

笑顔で握手をした。三番機の前で、ふたりで写真を撮った。姿勢のいい、けっこうまじめな写真だ。だけど、幸せそうに笑っている。その写真を「一生の宝物です」と、彼らは言った。

夜、パイロットたちは軽く乾杯をした。娯楽室で少しテレビを見た。ニュースでは開会式の様子が伝えられていた。

翌日、松島基地に向け、一二機のT-4が飛び立った。任務は終わった。ブルーインパルスは故郷に帰るのだ。

あとがき

ブルーインパルスは、きわめて高度な技術を持つアクロバット飛行部隊だ。航空自衛隊の広報を担っている。

ブルーインパルスのパイロットは、社交性に富み、協調性を身につけている。言葉遣いが丁寧で、フレンドリーな話し方をする。取材中は、そういうところにずいぶん助けられた。

彼らについては、以前から書いてみたいと思っていた。

優れた飛行技術もそうだが、日々どう生きているのかを知りたかった。なにしろ、彼らは、死と隣り合わせの日常にいる。

たくさん話をした。会ったり、電話をしたり、メールを交わしたりしながら、いろいろを訊ねた。訊きたいことはいっぱいあった。

そして、知る。彼らは命の有限性をよく理解している。つまり、ものすごく丁寧に生きている。

家族と過ごす何気ないひとときを大切にしている。お茶を飲んだり、食事をしたり、テレビを見たりといったことだ。

任務には緊張が伴う。まるで身体に貼り付くようだ。でも、彼らはそれを貼り付けたまで、笑う。いささかも動じない。気圧されることがない。

オリンピックでシンボルマークを空に描いたときも、驚くほど「普通」だった。冷静だった。

東日本大震災。未曽有の災害に立ち向かったときは、被災地、被災者に心を寄せた。余すところなく、である。

あのとき、彼らはパイロットであるのを忘れた。皆、徹頭徹尾自衛官だった。空を飛ぼうなんて、一切考えていなかった。小著には、そんな事実を綴っている。

人生には困難がたびたび訪れる。それらにどう向き合うかで人生は大きく左右する。痛みを癒やせるのは、結局自分自身でしかないのだ。

ここに登場する人たち（パイロットだけでなく、被災地の方々）の生きる力、困難を乗り越えようとする力に私は励まされた。心から感謝している。

さて、取材、執筆には長い時間が必要だった。足止めを強いられたとするべきだろうか。取材を始めてすぐに、新型コロナウイルス感染症のパンデミックが起きた。

移動の制限があり、ブルーインパルスの母基地、松島基地（宮城県）への取材もなかなか叶わなかった。


制限が緩和された頃、私はがんに罹患した。はじめてではなく、二度目の罹患（再発ではない）だった。

手術を控えた晩秋、松島基地を訪れた。

ブルーインパルスのメンバーはいつも通り親切で、優しくて、面白かった。皆で何度も笑った。

彼らは飛行訓練の際、大半をフェニックス（不死鳥）隊形で飛んでいた。普段はデルタ

（三角形）隊形で飛ぶのが多いにもかかわらず、である。

とくに確認はしなかったが、私はそれをエールと受け取った。とても幸せな気持ちになった。涙が出た。「頑張ろう」と思った。

がんに罹患してからも、私は生活を変えなかった。一度目も二度目もそうだ。仕事で忙しくしていたし、家族や親しい人との時間を楽しんだ。後悔の少ない方へ、常に意識して歩いた。

どちらかと言えば、朗らかであったと思う。事情を知らない人からは「元気そうでいいね」と言われた。

術前術後に、ブルーインパルスを取材、執筆できて幸運だったと思う。彼らの明るさには救われたし、私も丁寧に生きることができた。精いっぱい、頑張れた。

彼らと出会えて、ほんとうによかった。どうもありがとうございました。

お礼を伝えなければならない人が、まだある。

本文中には登場していないものの、お力添えをいただいた方々だ。お名前を紹介しておきたい。所属と階級は取材当時のものである。親切にしていただき、ありがとうございました。

取材協力者一覧（順不同）

防衛省航空幕僚監部広報室
　浅岡浩和二等空佐・本間輝大二等空佐・久保淳三等空佐
松島基地第四航空団および気象隊
　藤江卓弥三等空佐・大竹慎一（広報係）・伊藤義之一等空尉・桶本勇二一等空尉
入間基地中部航空警戒管制団
　須田芳則三等空佐・高橋陽一等空尉

カバーや口絵に迫力ある写真を提供してくださったカメラマン、黒澤英介さんにもお礼を述べたい。ありがとうございました。
小学館出版局学芸編集室室長、園田健也さんは小著の担当編集者だ。取材に同行いただき、多岐にわたり支えていただき、ありがとうございました。

また、カメラマンの藤岡雅樹さんには素敵な写真を撮っていただいた。写真は宝物になりました。ありがとうございました。

最後に、二〇二四年二月に亡くなった母、靖江に感謝します。母は、小著の刊行をとても楽しみにしていました。ブルーインパルスが大好きでした。

「元気になって、またブルーに会いに来てください」

松島基地でかけてもらった言葉である。

蒼大を自在に飛ぶ彼らは爽快だ。見上げていると、すがすがしい気分になる。いつかまた会いに行きたい。それはもう、もちろん。

二〇二四年一二月、深い感謝を込めて。

宇都宮直子

手術を控えた日のフェニックス隊形

主な参考文献、資料

○『証言　自衛隊員たちの東日本大震災』大場一石編著　並木書房
○『自衛隊もう1つの最前線』毎日ムック　毎日新聞社
○『河北新報特別縮刷版3・11東日本大震災　1ヵ月の記録』竹書房
○『朝日新聞縮刷版　東日本大震災　特別紙面集成2011.3.11〜4.12』朝日新聞社
○『ブルーインパルス　パーフェクト・ガイドブック』イカロス出版
○『ブルーインパルス60年の軌跡』英和出版社
○『東京オリンピック激闘の記録』読売新聞東京本社
○『東京オリンピック開会式に出席していた要人と肩書き』国立国会図書館
○「安倍前首相は欠席」2011年7月24日　東京新聞朝刊2ページ
○「五輪外交『期待外れ』」2021年7月25日　中日新聞朝刊3ページ
○『川湊・石巻　記憶をめぐる　伝えつなぐ3・11』公益社団法人3・11みらいサポート
○『石巻市復興まちづくり情報交流館　東日本大震災からの歩み』
○『3・11伝承ロード　震災伝承施設イラストマップ宮城県編』
○「『ブルーインパルス通り』地域に愛される道路に　矢本駅前で愛称除幕式」2020年12月26日　石巻日日新聞社公式note
○「『ブルーインパルス通り』誕生　なぜ通りの名前にまで?『らしさ』溢れる現地」2021年1月25日　乗りものニュース編集部
○DVD『絆再びの空へ　Blue Impalse』有限会社バナプル
○DVD『Blue Impalse 2011 絆』有限会社バナプル

ブックデザイン　三木健太郎
カバー・口絵写真　黒澤英介
著者・口絵写真　藤岡雅樹
ＤＴＰ　昭和ブライト
校正　玄冬書林
編集　園田健也
制作　遠山礼子　渡邊和喜　加藤慎也
販売　金森　悠
宣伝　山崎俊一
協力　防衛省 航空幕僚監部 広報室

ブルーインパルス　35秒の奇跡

２０２５年２月２日　初版第１刷発行

著者　宇都宮直子
発行者　石川和男
発行所　株式会社小学館
〒１０１-８００１　東京都千代田区一ツ橋２-３-１
電話　０３-３２３０-５１１２（編集）
　　　０３-５２８１-３５５５（販売）
印刷所　大日本印刷株式会社
製本所　牧製本印刷株式会社

 ISBN978-4-09-389179-0